駅再生

スペースデザインの可能性

Photo：新 良太©

駅再生

スペースデザインの可能性

鹿島出版会 編

鹿島出版会

駅再生 スペースデザインの可能性

CONTENTS

動きはじめた次世代の駅づくり

駅。日々の都市生活の中で、これほど誰もが利用する「公益的施設」が他にあるだろうか？
否応なく毎日のように利用する、利用せざるを得ない複数の駅。
あまりに当たり前の施設すぎて改めて眼差しを向けることすら少ない。

日常交通の「要所」ともいえる「駅」には、更新すべき問題が山積されている状況があると同時に、きわめて多くの潜在力があることに気づく。駅からゼロ分という立地の再評価、まちづくり拠点としての駅の見直し、公共移動交通拠点としての駅の積極的な活用、公益的施設の併設、駅の情報化、「交通バリアフリー法」施行による駅空間のユニバーサルデザイン化、既存ストックとしての駅に対する付加価値創

出のためのリノベーション、ビジネスチャンスとしての駅への眼差し、「ハコ」と「コンテンツ」と「ネットワーク」の新たな関係の模索……。
「通過の場所」にすぎなかった駅は、その「地の利」を活かして大きな変革期に突入している。21世紀、動きはじめた次世代の駅づくり。

駅を「次世代の都市生活支援インフラ」として有効活用する可能性、そして駅をめぐるスペースデザインの可能性。駅という懐の大きなインフラのさまざまな側面を、さまざまな立場の人たちが考えてゆくひとつのきっかけ。「駅再生――スペースデザインの可能性」。

インタビュー：動きはじめた次世代の駅づくり

内藤 廣

（建築家、東京大学工学部助教授）

駅とインフラデザイン

――鉄道の技術者と建築の設計者が切磋琢磨してつくる

ないとう・ひろし
神奈川県生まれ。早稲田大学大学院修士課程修了。フェルナンド・イゲーラス建築設計事務所、菊竹清訓建築設計事務所を経て、1981年、内藤廣建築設計事務所設立。2001年より現職。
主な作品：海の博物館、安曇野ちひろ美術館、茨城県天心記念五浦美術館、牧野富太郎記念館。著書：『素形の建築』（INAX出版）、『建築のはじまりに向かって』（王国社）など。受賞：芸術選奨文部大臣新人賞、日本建築学会賞、吉田五十八賞、毎日芸術賞、村野藤吾賞ほか。

都市のアイデンティティを主張するヨーロッパの駅

EUによる政治的・経済的統合を機に、ヨーロッパの各都市はそれぞれのアイデンティティを打ち出そうとしています。そのための戦略拠点が駅であり、そこには巨額の資本が投下されています。ワーテルロー駅、フランクフルト駅、シャルル・ド・ゴール駅などがその実例です。その都市のシンボルとなる駅が、建築家のリノベーションによって次々と誕生しているのです。

それに引き替え日本では、駅が都市再生のキーワードになっていません。駅前再開発が行われるにしても、そこがめざましい中心部となるイメージに欠けます。これはなぜなのか。原因はいくつかあります。ひとつは、ヨーロッパは都市国家の集合体だということ。だから、都市を再生するときに、イメージをつくりやすいのです。もうひとつは、ヨーロッパの多くの駅が頭端駅、つまりそこが行き止まりになっている駅であることが挙げられます。ホーム上を覆って、突き当たりの位置にカフェを設けたりすると、「これから旅に出かけるぞ」というドラマチックな駅空間が演出ができるのです。日本の場合はほとんど通過駅ですから、そうした空間づくりがやりにくい面があります。

疲れ切った地方の街を再生させるテコとなれ

僕は駅にもっといろいろな機能が入っていいと思っています。乗降客数が多大なわけですから、マーケットとしても有望です。ここで収益を上げると同時に人も集まり、その結果として鉄道の利用者が増えるというふうになれば、車社会から徐々に公共交通の社会に戻るという構図が描けなくもありません。

それが本当に必要なのは地方都市でしょうね。マイカーの利便性に対応した郊外型のショッピングセンターの開業によって、中心市街地の商店は壊滅的な打撃を受けています。どうやったらそういう地方都市を再生できるのか。車文化に対抗して、どうしたらそうではない文化をつくれるのか、ということでしょう。そのときに中心となるのが駅です。駅こそ、疲れ切った地方の街を再生させるテコとなる存在になりうると思います。

線路上にホテルを建てた小倉駅

駅の複合機能のことでいうと、現在はほとんどの場合、線路の脇に建つ駅ビルが受け持っています。京都駅でもそうですよね。でもこれだけだと都市を変える起爆剤になりにくいと思います。

今のところ線路のこちら側と向こう側を結ぶ線路上の部分は、人が行き来する通路としてだけ使われていますが、ここをどう使うかによって、駅が都市施設として大きく変わる可能性が開けます。

数少ない例外が小倉駅です。あそこでは敷地の余裕がなかったので、線路の上にホテルを載せて建てたのです。あれだけの規模の建物が線路の上につくられたのは初めてです。現地に見に行ったのですが、駅のこちら側とあちら側が非常に近い印象をもちました。鉄道と都市までの距離も、ものすごく短く感じられます。鉄道と一体になった新しい都市施設のあり方として、評価できるものだと思います。工事関係者に聞くと「工事中も下では電車が走っているので、ボルト一本落とせない。ものすごく神経を使った」と言っていました。確かにそうでしょう。ああいう駅はほかにももっとあったほうがいいですね。

ファサードやインテリアだけ任されてもよくはならない

一般に建築家が駅のデザインにかかわる場合、建物の本体はすでに決まっていて、そのあとの化粧を考えるだけのことが多いのです。僕がかかわった横浜の（仮称）MM21線北仲駅（平成16年度開通予定）でも、監理までやるし、それなりの挑戦をしたつもりですけど、それでもマイナーチェンジですよね。こうしたやり方では、建築家が建築的な能力を発揮するのにも限界があります。

ファサードだけ設計したり、インテリアだけやったりというかかわり方だと、クリエイティブな展開にはなりにくいですよ。もう少し深くかかわり合って一緒になってつくることが必要じゃないかなと思います。これからはＪＲの施設を設計してきた鉄道内部の技術者と、我々のような外部の建築設計者が互いに切磋琢磨していかなければいけません。鉄道内部の設計者たちも、建築デザインのことを知らなさすぎるし、建築設計者の側も鉄道施設のことを知らなさすぎる。両方からのレベルアップが必要でしょう。

匿名だが公を支えているのは自分たちだという意識がある

鉄道の専門家による駅デザインが魅力に乏しいのは、無理からぬ点もあります。

東海道新幹線が開通したころ、ＪＲの施設設計者たちはものすごくたくさんの仕事を抱えていました。ひとりが４つ、５つと駅の設計を担当していたのです。これではマニュアルに頼ってやるしかありません。今になってみれば、新幹線の駅をそれぞれに特徴をもたせてつくれば、それなりの都市施設になっていたと思うのですが、とにかく安く早くということだけを考えてつくってしまいました。結果として新幹線の駅は、どれも同じようなものになってしまいました。

そうなってしまった後で少し地域性を採り入れようということで、今度は途端にご当地ソングみたいなオブジェが置かれたりする。地域にこびを売るのではなく、ホーム上から外部まで、空間としてきちんと考えられていることが重要なのです。その辺がまったくケアされてこなかった。そこが問題だと思います。

鉄道をつくり上げている土木の技術というのはすばらしい。その技術力の高さは、建築の側からみてもすごいものだと思います。建築と土木は、よって立つ文化の土壌が違います。私は現在、大学の土木工学科で教えていますが、そのことを実感させられることがよくあります。例を挙げれば、土木側の人は建築のスターシステムが嫌いです。建築家は好き勝手なことばかりやっていると思われている。一方で、土木側の人たちは匿名性の中にいるけれども自分たちが公を支えているんだ、という意識があります。こうしたスタンスを、私は美しいと思います。土木の世界は制度的に疲労しているから多くの問題を抱えているけれど、基本は素晴らしい。建築家はそうした態度を学ばなくてはいけないと思います。

駅からその周辺にいたる一体を面的につくり替える

モデルとなるような駅のつくり方の事例も出始めています。

私がデザイン検討委員会に加わっているJR九州の日向駅では、国土交通省が進める連続立体交差事業により、駅を含む約1.6キロメートルの区間の鉄道が高架化されることになっています（fig.1、2)。開

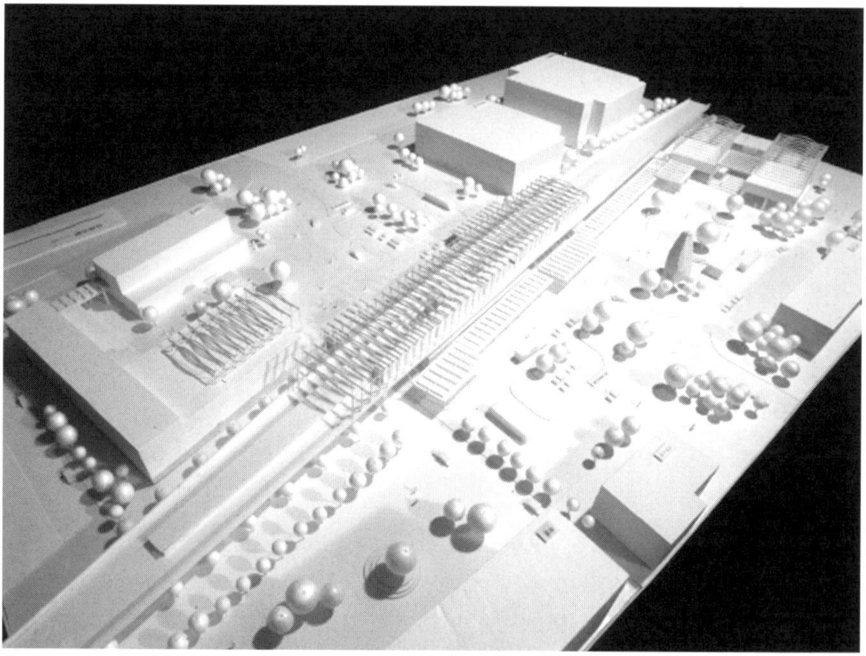

fig.1

fig.2

通は平成18年の予定です。

従来の駅では駅舎、高架構造物、周辺の町並みなどがばらばらに設計され、それぞれの設計組織に相互の連携はありませんでした。日向駅では、高架化を機に新しい駅舎をつくり、同時にその周辺部の区画整理を行って、駅からその周辺にいたる一帯を面的につくり替える予定です。

日向ではこのプロジェクトによって、駅を中心として街を再生させようとしているのです。こういった整備をやると、街がこんなによくなるということを、誰が見てもわかるように示したいですね。これがうまくできたら、他の地域のよい先例になるはずです。ですから私は、このプロジェクトを何が何でも成功させようと思っています。

JR北海道の旭川駅でも連続立体交差事業にかかわっています。こちらは高架区間が約2.5キロメートルもあるさらに大きな開発です。開通は平成23年度の予定です。こういうものができていくと、駅も変わったなというふうに見えてくると思います。

聞き手＝磯達雄／建築ライター

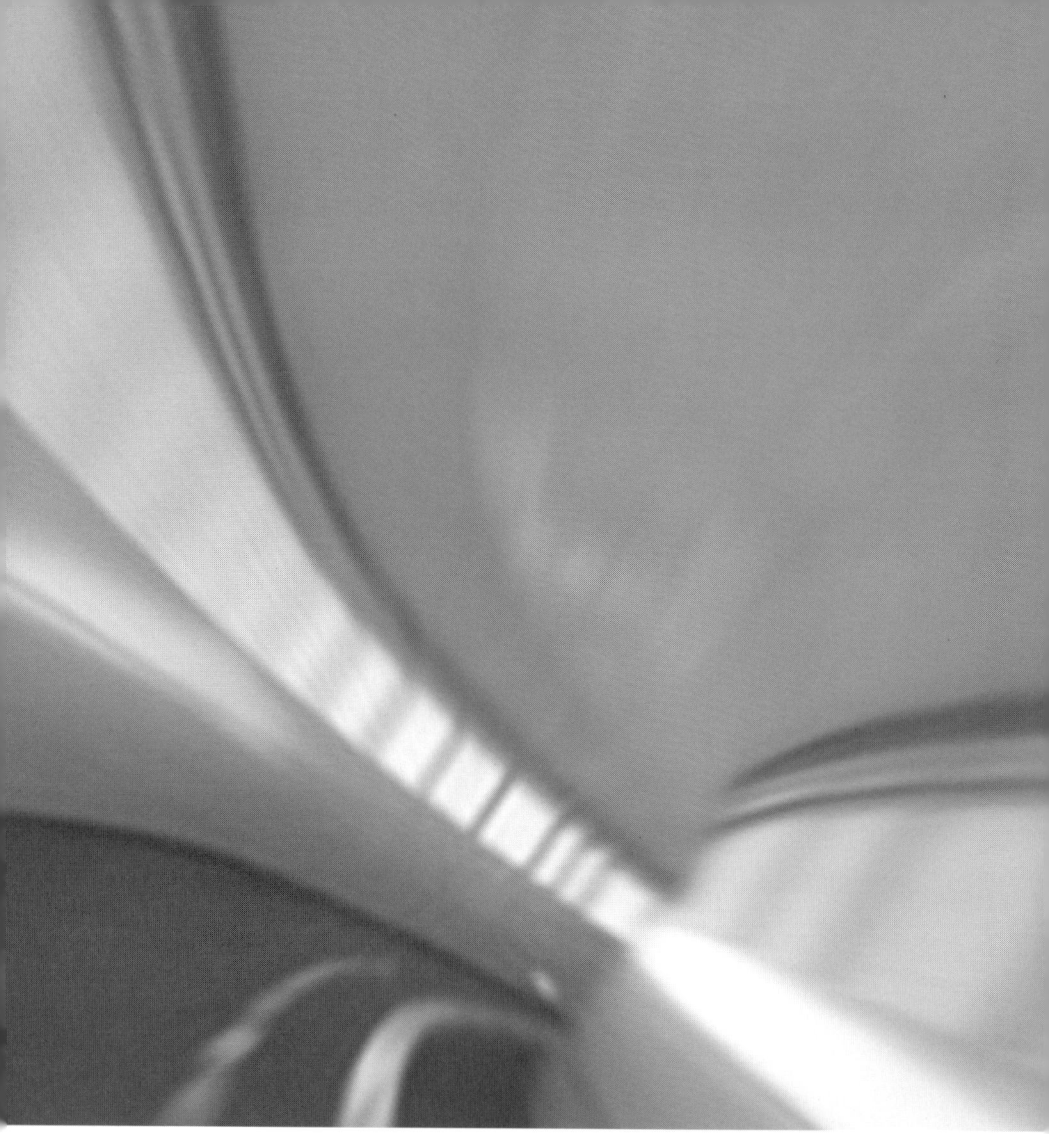

インタビュー：動きはじめた次世代の駅づくり

渡辺 誠

（建築家、渡辺誠／アーキテクツ オフィス主宰）

「土木の後の建築」からの脱却

——飯田橋駅では設計以前の制度改革が重要だった

わたなべ・まこと

1952年横浜市生まれ。横浜国立大学大学院修了。磯崎新アトリエを経て1984年、渡辺誠／アーキテクツ オフィスを設立。
主な作品：青山製図専門学校一号館、村のテラス、K-MUSEUM、地下鉄大江戸線飯田橋駅など。著書：『INDUCTION DESIGN』（Birkhäuser）、『建築は、柔らかい科学に近づく』（建築資料研究社）など。受賞：日本建築家協会新人賞、グッドデザイン賞金賞（共同）、日本建築学会賞（作品賞）ほか多数。

駅は電車のため、それとも人のため？

駅は通常の公共建築とはつくられ方がだいぶ違って、比較的閉じた世界の中でつくられています。高い技術をもつ優れた組織がクライアントとして確立しているのです。地下の駅は特にそうです。都営地下鉄大江戸線の飯田橋駅では、そこに私のような建築家が外から入っていって設計をしたわけです。その時にどういうことが起こるのか。

ふつう建築家が設計をする際には、人々の行動やさまざまな社会問題を考えて、「これが大事だ」という条件を見つけ出します。同じことを駅で行うと、設計者とクライアントの間で大事だと思うことが時々くい違う。それは設計者が自分の作品をつくれないとかいう以前の問題です。駅を使う人にとって、こういうふうになっていたら快適なのではないか、使いやすいのではないか、楽しいのではないか、そういった面から施設のあり方を提案しても、合意されないことがあった。そういうこと以外の条件の方がもっと大事だとされているらしい。

それは何かといえば、ひとつは「いままでこうやっている」という慣習ですね。それと、「電車」を通すことが最大の機能であって、「人」は極端にいえば使えればいいと。加えて、できるかぎりローコストで、かつメンテナンスが要らないようにしたい。これらが大事な条件で、そのあとで、可能なら「気持ちがいい」ができればいい、という優先順位だったのかもしれない。

駅と駅前広場は別？
全体の調整は誰がするのか

駅というものはとても公共性の高い施設です。サッカー場が6万人を収容するといっても、試合がある日だけです。駅は毎日、数万人の人が使うわけですからね。あれだけ多くの人が常時使う公共施設というのは、ほかにないのではないか。だから巨大な駅ビルのある複合駅でない小さな駅でも、電車に乗る以外のさまざまなことができたらいいと思うのです。ところがそれを実行するにはさまざまな障害があります。市役所の端末サービスには市の機関がかかわるし、託児所には法の処理も必要です。

それに、駅は駅だけで機能しているのではありませんね。駅舎、駅前広場、アクセス道路、周辺の開発など、そうしたものが一体となって機能しています。ところがそれらの開発主体はふつう、別々です。

本来なら、これらをすべて調整して進めなければいけないと思うのですが、それを調整する役割が希薄です。駅が地域に有効な核になり、しかも街に大きな影響を与えるのに、駅と地域を一緒に考えることが、今の縦割りの制度上、難しくなっている。これがもうひとつの大きな問題です。

「飯田橋駅」では地域にはかかわれませんでしたが、次の「つくばエクスプレス」の柏市の駅では、市を中心に私も加わって、いくつもの事業主体とともに駅周辺の街に総合性を生もうという試みをしています。

標準化は達成した、その次の「自由」

歴史をたどれば、東京駅を辰野金吾が設計して以来、駅の空間も建築家が考えてきちんとつくるものだという考え方がかつてはあったのでしょうね。ところがその後、マニュアル化が進んでしまいました。

東海道新幹線が開通したとき、一連の駅が全体として建築学会賞を受けていますが、それは標準化が評価されたということですね。当時は規格化によって生産を合理化することが時代の要請でもあったのですが、あのころから「駅はどこも同じでよいのだ」という見方が確立したのだと思います。それ以後も、建築家が駅をつくった例がいくつかありますが、いわゆる「駅ビル」でない単体の駅では数は少ないですね。駅にはスタンダードがあって、それが定めた一定の範囲内でバリエーションを考えればいい、要するに、化粧をどうするかだけ考えればよいと。あるいは、デザインするというと、今度は「地元にちなんだお城の形にしてみました」となったりする。

使う側も駅空間をそういうものとしてしか認識していないのかもしれない。それはニワトリが先がタマゴが先か、という議論なのですが、駅空間の豊かな実例を体験できないので、「ただ地下道とホームがあればいい」と、そうなってしまうような。

標準化が悪いのではありません。標準は平均レベルを高くするために必要です。ただ標準の強要は同時に新しい芽もつんでしまい、停滞を招く恐れもあります。標準化による生産の効率化を設計条件の最上位に置かない道というのも、並行してあった方がよいのですが、そちらが少しおろそかになっていたのではないでしょうか。

「標準化」が評価された新幹線の駅から37年がたって、今度は「多様性」を実現した飯田橋駅が建築学会賞を受けたというのは象徴的なことだと思います。

飯田橋駅では
土木と建築のコラボレーションを実現した

地下鉄大江戸線の駅の設計者はプロポーザルで選ばれました。しかし地下鉄の駅の場合、地上駅以上に条件がきびしい。地下を掘るための高い技術の蓄積が必要ですし、地上の道や建物との関係で規制も多い。エンジニアリングがそれだけ重要ということになります。地下ですから空間も広がりに乏しい。そのため最初の段階では「設計者はタイルの色を決めるのが仕事です」と言われたわけです。そういう状況からのスタートでした。

飯田橋駅の設計にあたってまず考えたのは、地下にできるだけ豊かで快適な空間を確保しようということです。土木の工事で生まれる空間は、実はそれ自体そんなに小さくはありません。ところが天井高さの基準があって、一定の高さで仕上げが張られる。本来の土木空間が高くても低くても、どこも同じ高さになってしまうのです。そこで私は、「仕上げはなぜ必要か」という議論をしたわけです。天井裏にあるダクトや配管はどうするかと言われれば軌道上や床下に移す方法を考え、水が出たときにはどうすると言われれば水受けや樋を設計しました。「こういう理由でできない」と言われることに対して「それはこういうふうにしたらいいんじゃないか」と逐次説明していったのです。最初のうちは「とにかくダメだからダメ」という感じでした。理由があってできないのではなく、単にやったことがないからできないということなのですね。

しかし、説明を繰り返していくうちにだんだん感触が変わっていきました。土木の空間はふつう、できあがってしまうとだれも目にできないわけです。ところが、今言ったようなやり方をすれば、土木空間は人々の目に触れるようになります。建築に比べれば土木工事は大変な技術とお金を投じてつくっているわけだから、一種の情報開示の意味も含めて、人々に体験してもらいたいし、そのことは、それをつくる土木エンジニアにとっても決して悪いはずがありません。3年くらいたつと、クライアントの中にもだんだん「いいんじゃないか」という人が現れてきて、その人が周りを説得してくれるという形で、提案が実現していきました。結局、そうした関係者の共感がコラボレーションを実現させたのです(fig.1、2、3)。

制度改革が必要とされている

そういうことの積み重ねですね。照明の球ひとつとっても「これしかダメ」というマニュアルがある。それ以外のものを使おうとすると照度実験をして、何人もの人々にそれぞれ説明をして、ようやくふつうのランプひとつが使えるようになる。壁の出隅もそうです。角が出ていると当たったときに痛いから「面取りをする」と書いてある。でも面取りよりも丸くした方がさらに

fig.1

安全なわけですよ。でもマニュアルには「面取り」と書いてあるから認められない。
　そういう点をひとつひとつ説得していったのです。その中には結局できなかったものもあります。でも「ああ、なるほど」と賛成してくれたことも多くて、その集合体として飯田橋駅ができたわけです。マニュアルや標準仕様というのは一種の制度です。制度をつくった時点でそれは有効だったけれども、それから時がたって今はもうどうしてつくったのか、わからなくなっている制度も多いのではないか。一種の惰性のように動いているそれをひとつずつ見直していって、何のためにそれがあるのか、それだったらこのほうがいいのではないか、という制度改革を実施しようとしました。
　飯田橋駅ではコンピュータ・プログラムでウエブフレームを発生させるという新しい設計方法も採り入れていますが、そのレイヤーの奥にある素形の空間、それをつくり上げるのに実は膨大なワークが必要だったということですね。ふつうに地上で、たとえば美術館をつくるのであれば、こういうエネルギーと時間は要らないでしょう。前提のあるところからスタートするわけですから。地下駅の場合はスタートライン以前に大きな拘束要因がある。しかし、「制度」は「変えられる」ものです。施主が「地下に大きな空間をつくろう」と初めから決めれば、飯田橋駅に要した10年間のうち半分くらいの時間とエネルギーは不要になります。飯田橋駅が前例となって、駅空間がこれからもっと気持ちよく楽しい場所になってほしいと思います。

聞き手＝磯達雄／建築ライター

fig.2

fig.3

1

駅空間を把握する

1A
駅のタイポロジー

1B
駅空間の基本4要素

1C
まちづくりと駅

1D
ヨーロッパと日本の終着駅

インタビュー
ライティングスケープ／駅
面出 薫
「光もあれば影もある、＜適光適所＞の照明デザインを」

1A 駅のタイポロジー

栃倉範子／株式会社交建設計

駅は、その扱う対象や線区、建築形態等といった見地の違いによってさまざまなタイプに分類される。

例えば、駅が旅客と貨物をそれぞれ単独で扱う場合は、それぞれの駅は旅客駅、貨物駅に分けられる。また、線路網上での位置という見地からは、線区の終端か中間かで、大きく終端駅と中間駅に、その派生として連絡駅、分岐駅等に分類される。さらに、線路の配線形式からは頭端式駅、通過式駅等に分類される。

私たちが駅をスペースデザインの観点から考える場合、もっとも有効な分類のひとつであるのが、出改札等を中心とした駅本屋に着目した分類である。列車を停止させて旅客を扱う上で必要な駅の施設には、主として駅本屋、プラットホーム（以下、ホーム）、旅客通路、駅前広場等があるが、駅本屋は、出改札や旅客の待合室、コンコース、駅務室等の施設を総称したものである。駅本屋が地上のレベルに対してどのような位置関係にあるのかという見地から駅空間を分類する場合、主として地平駅、橋上駅、高架下駅、地下駅の4つのタイプに分けることができる。ここでは、駅をこの4つのタイプごとに紹介し、駅という空間を把握してみる。

一般的な地平駅におけるホームと駅本屋の関係

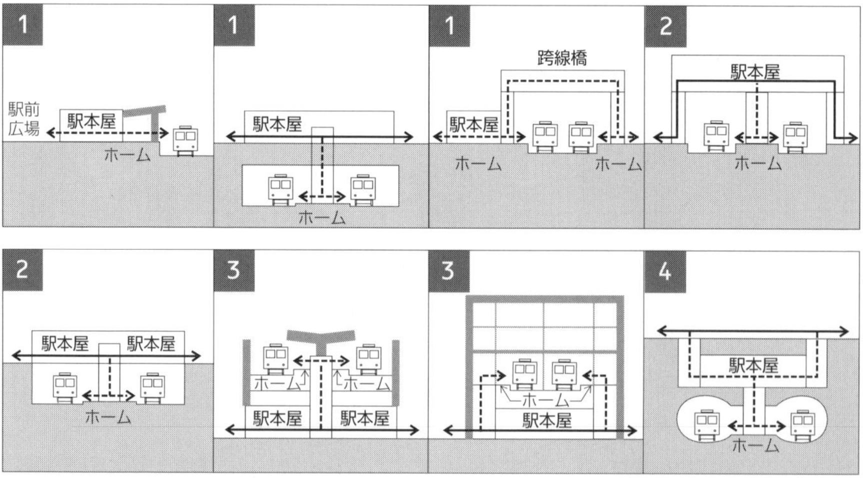

駅空間の4つの基本タイプのバリエーション例
（1：地平駅、2：橋上駅、3：高架下駅、4：地下駅）

凡例：── 自由通路、----旅客通路

1 地平駅

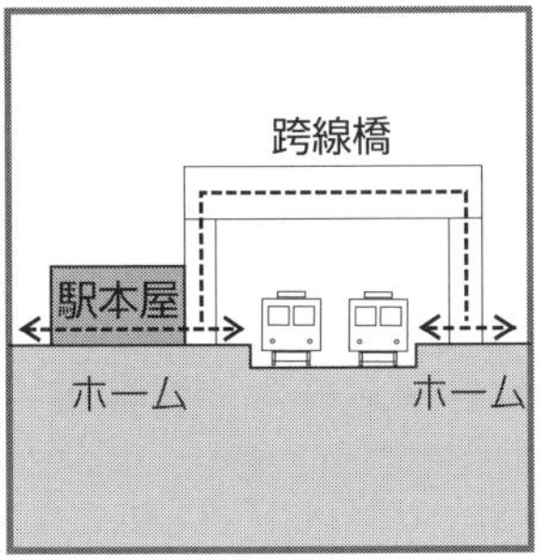

改札・ホームへのアクセス

一方（駅本屋側）のみからはフラットなアプローチが可能であるが、他方（裏側）からのアプローチでは、踏切等による線路横断が必要：

アクセスする方向によって、大きく利便性が異なる。列車通過頻度の高い都市中心部においては、交通混雑の問題を誘発するタイプともいえる。この対策として、ホームへのアプローチに跨線橋を設ける場合が多い。

特徴

駅施設がグランドレベル（または線路と同一レベル）にある駅で、駅の原型といえるタイプ：

地平駅は、最も多く見られるタイプである。中間駅では、主に都市の中心側に駅本屋が設けられるため、駅の裏側からのアプローチが不便な場合もある。ヨーロッパにおいて多く見られる頭端式駅もこのタイプである。

線路による街の分断

踏切等の利用により、線路を横断する必要があり、線路により、人、車とも動線が分断される。

駅空間・動線の視認性

すべての旅客動線がグランドレベルであるため、駅空間を把握しやすい。

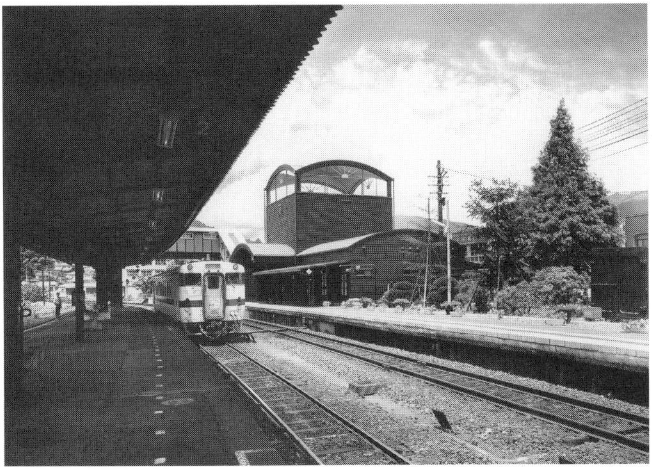

JR九州 由布院駅（設計＝JR九州＋(株)磯崎新アトリエ、1990年、写真＝岡本公二）

2-1 橋上駅

特徴

駅施設が線路上空にある駅：
駅施設が線路上空に立体的に設けられるため、線路の両側からのアプローチが容易である。また駅本屋建設のための用地を必要としない利点もあり、土地の高密度利用をはかる都市及び近郊に多くみられるタイプである。自由通路が駅に併設されることにより、より自由な横断が可能となる。

改札・ホームへのアクセス

駅施設へアプローチするために駅前広場から一度線路上空へ上り、その後、ホームへ降りる。垂直移動が必ず2回必要となることが難点である。

線路による街の分断

鉄道利用客以外の人も、自由通路を利用し、安全に線路を自由に横断することが可能。しかし、線路がグランドレベルにあるため車の動線は分断される。

駅空間・動線の視認性

旅客動線が線路上空レベルに集約されるため、動線は把握しやすい。

JR東海　美濃太田駅（設計＝JR東海＋(株)トーニチコンサルタント＋(株)交建設計、1998年）

2-2 橋上駅（掘割駅）

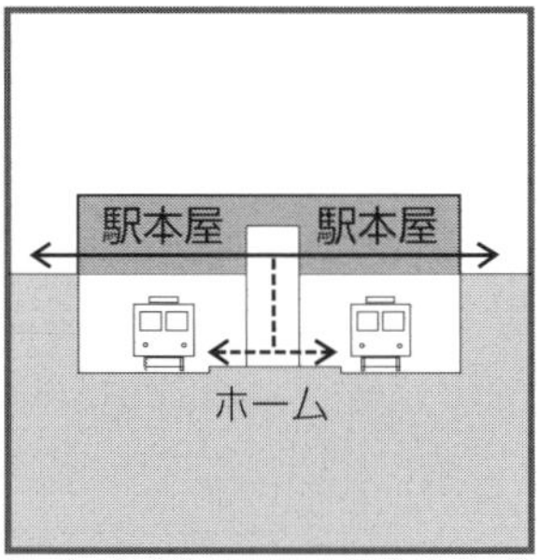

特徴

駅施設がグランドレベルにあり、線路を掘割で地下にレイアウトした駅。自然の地形を生かす場合と、人工的に掘割を形成する場合がある。

改札・ホームへのアクセス

垂直移動1回で、ホームへのアプローチは容易である。

線路による街の分断

線路上部が掘割で開放されているため、橋を架けることにより人、車とも線路を横断することができる。地下駅ほどではないが、地上での人・車の動線を確保し、線路による街の分断を回避しているタイプである。

駅空間・動線の視認性

駅本屋は地上にあり、ホームは地下部にあるが、ホーム上空が開放されているため、駅空間を把握しやすい。

JR東海 金山駅（設計＝岐阜工事事務所十(株)交建設計、1986年）

3 高架下駅

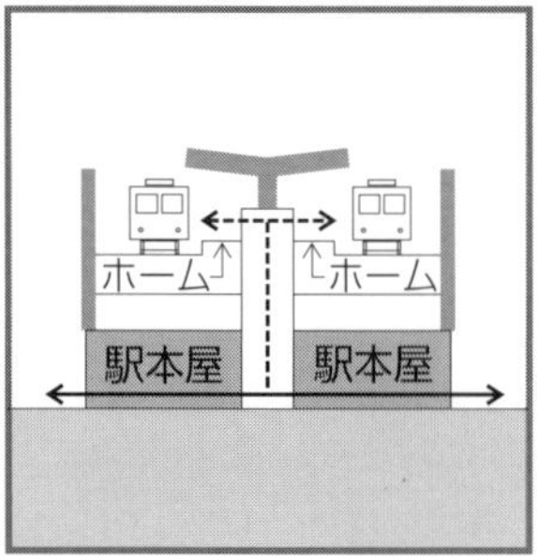

特徴

駅施設が高架構造をとる駅：
高架構造の鉄道は、主に都市部において、鉄道と道路の立体交差化のために線路を高架橋により持ち上げ、地上における人と車の動線を確保しようとする方法であり、連続立体交差と呼ばれる。駅施設の位置は、駅周辺道路交差部のレベルにより、地上、2階、3階などのケースがある。

改札・ホームへのアクセス

改札へはフラットなアプローチが可能。高架橋により、ホームが上階にあるため、グランドレベルからホームレベルへは垂直移動が1回必要である。

線路による街の分断

高架下にあたる地上部分では、人、車ともフラットで自由な横断が可能。線路による、人と車の動線の分断は回避されるが、上空の構築物により視覚的には分断されるため景観上の配慮が必要である。

駅空間・動線の視認性

旅客動線は地上であるために把握しやすいが、大きな高架構造体により視覚的に空間を把握しづらい場合もある。

相鉄ゆめが丘駅（設計＝(株)交建設計、1999年、写真＝(株)エスエス東京）

4　地下駅

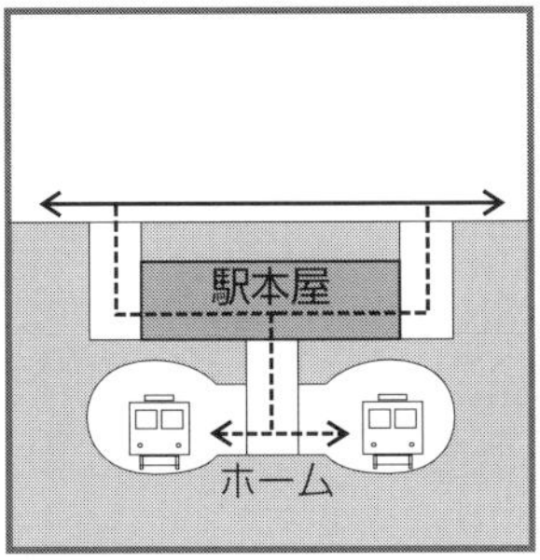

特徴

駅施設が地下にある駅：

地下鉄道で道路や広場等の地下に設けられた駅。駅施設は線路と地上の中間階に位置する場合が多い。駅設備の拡張性などに問題はあるが、地上の他の交通動線への影響が少ない。主に都心部で多いタイプである。

改札・ホームへのアクセス

改札、ホーム共に地下階にあり、線路の深さによってホームへのアプローチが長く、経路も複雑になる場合がある。

線路による街の分断

駅本屋、ホーム共に地下部にあり、地上での横断は自由である。線路による街の分断はない。

駅空間・動線の視認性

駅空間は最も把握しにくい。地上部に対する定位感覚や方向性も失いがちである。

相鉄湘南台駅（設計＝(株)交建設計、1987年、写真＝(株)三輪写真事務所）

1B 駅空間の基本4要素

安食公治／株式会社交建設計
協力：
楠亀典之／株式会社アルテップ

経済的かつ時間通りに運行する便利な移動手段である鉄道。頻繁に移動を必要とする現代生活者にとって、駅はもっとも身近な公共施設である。列車の往来と共にプラットホーム（以下、ホーム）は多くの旅客でごった返し、怒濤のように改札へと押し寄せた人の波はまちの中へと四方八方に散らばっていく。

鉄道が他の公共交通と大きく異なる点は大量輸送を可能としている点にあり、それゆえ駅の構成は「旅客の流動」を重点に考えられている。ホームとまちをつなぐコンコースの広さ、床のレベル差を結ぶ昇降機の数と配置、列車乗降のホームの幅員などは駅建設当初の旅客流動計算に基づいて計画され、また駅周辺の人口変動に伴い増築・改築がなされていく。まちから列車へ、列車からまちへと多くの旅客がスムーズに流動できる器としての建築、また周囲環境の変化に応じた可変性をもたざるを得ない柔軟な建築、それが駅である。

駅は、列車乗降を行うホームと移動やサービスのためのコンコースから構成される。通常、コンコースはラチを境界にしてホーム側をラチ内コンコース、屋外側をラチ外コンコースという。ラチとは、ラチ内コンコースとラチ外コンコースを分けるボーダー（境界）のことをさし、改札や仕切柵などがそれにあたる。都市圏の大量輸送を担う鉄道において、円滑な旅客のパスチェックを行うために、ラチは必要不可欠なものであり、省スペース化、無人化を目的とした自動改札機も登場している。

また近年の駅では、鉄道による街の分断を解決すべく、駅の両側をつなぐ自由通路が設けられるケースが多くなってきている。駅がまちと連続的に一体化して結びつくという、まちづくりとしての駅という観点からみると、自由通路はその大切な要素だといえる。

ラチの一角（改札）

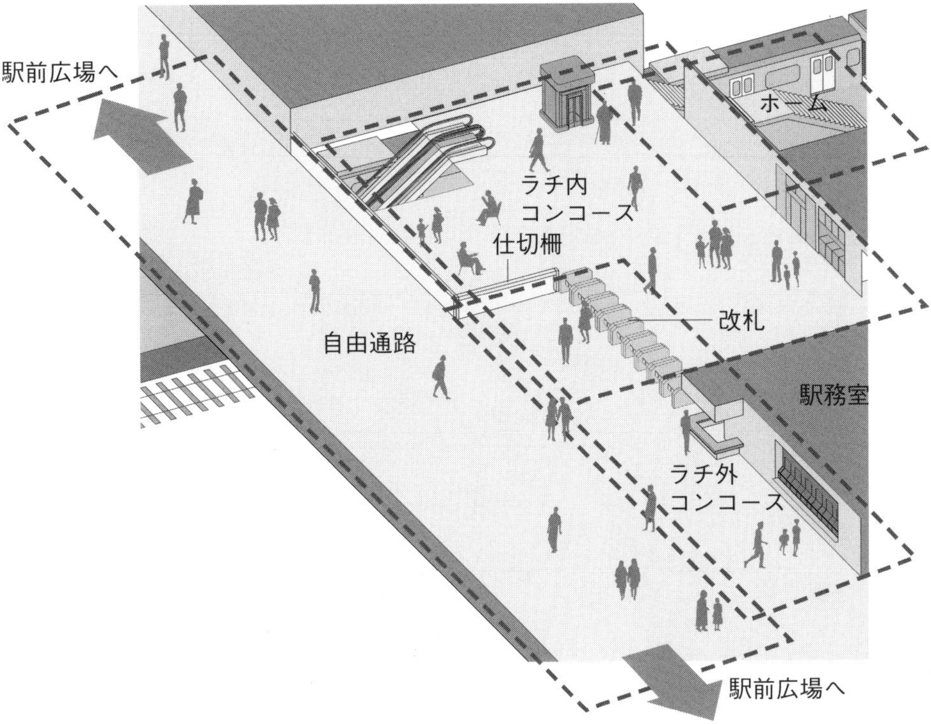

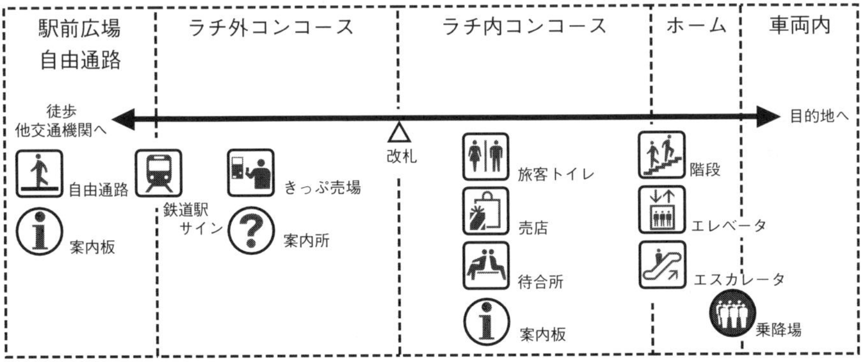

利用者動線からみた駅機能ダイヤグラム

＊本稿1Bで使用される「自由通路」以外のピクトグラムは、交通エコロジー・モビリティ財団の標準案内用図記号を使用している。

1 プラットホーム

主 機 能：列車との乗降を行い、コンコースへと旅客を流動させる場

構成要素：ホームドア、ホーム（可動）柵、階段、エスカレータ、エレベータ

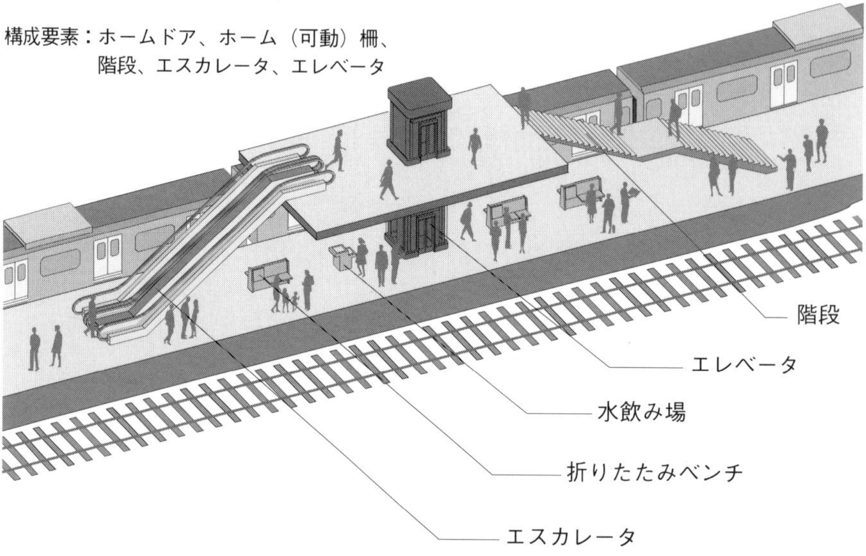

プラットホーム（以下、ホーム）には絶えず列車が行き来し、列車が入線するたびにホーム上は多くの旅客で溢れかえる。一時的に群集密度が高くなり、またすぐそばを列車が走行することもあって、ホームでは旅客の安全性が最重要視される。それゆえホーム計画においては、旅客数が集中する朝夕のラッシュ時を想定し、多くの旅客がいかに早く駅外へと流動できるかを重点になされている。

スムーズな旅客の流動性を確保する上で縦動線の計画は重要であり、ホーム全体に対して昇降路をバランスよく配置することが大切となる。昇降においてエスカレータと階段は比較的流動処理が高い設備といえよう。一方エレベータは処理能力に劣るものの、車椅子やベビーカー利用の旅客にとっては必要不可欠な施設である。

また乗降場の安全確保や列車運行のワンマン化を目的に、ホーム端には列車のドア開閉と連動するホームドアやホーム可動柵が設置されているケースも多い。ホームドアは吹きさらしのホームと異なり、ホーム空間のほとんどを内部空間化することでホームの安全性の確保と空調管理による快適性の確保を実現している。

乗降場

ホームドア

ホーム可動柵

階段

子どもから老人までさまざまな利用者を想定して計画される階段

エレベータ

透明なシリンダーの中をカゴが動く

エスカレータ

視認性の高いエスカレータが急増中

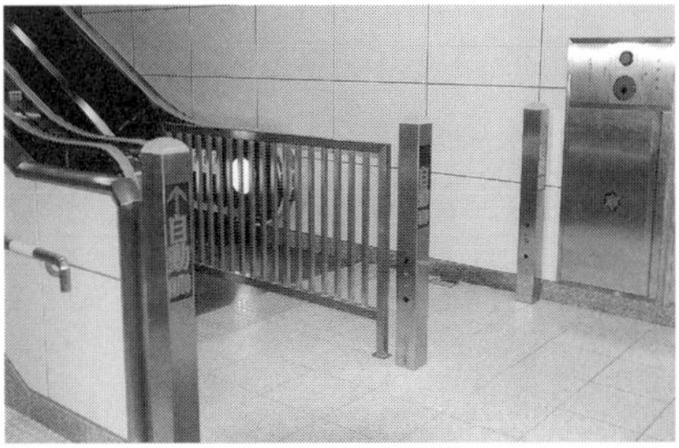

旅客感知ガード（運転・停止を自動でコントロールする）

2 ラチ内コンコース

主 機 能：ホーム～ラチの移動やホーム間乗り換え、乗車前のちょっとした買物や待合・お手洗いなどを行う場

構成要素：売店、待合室、トイレ等

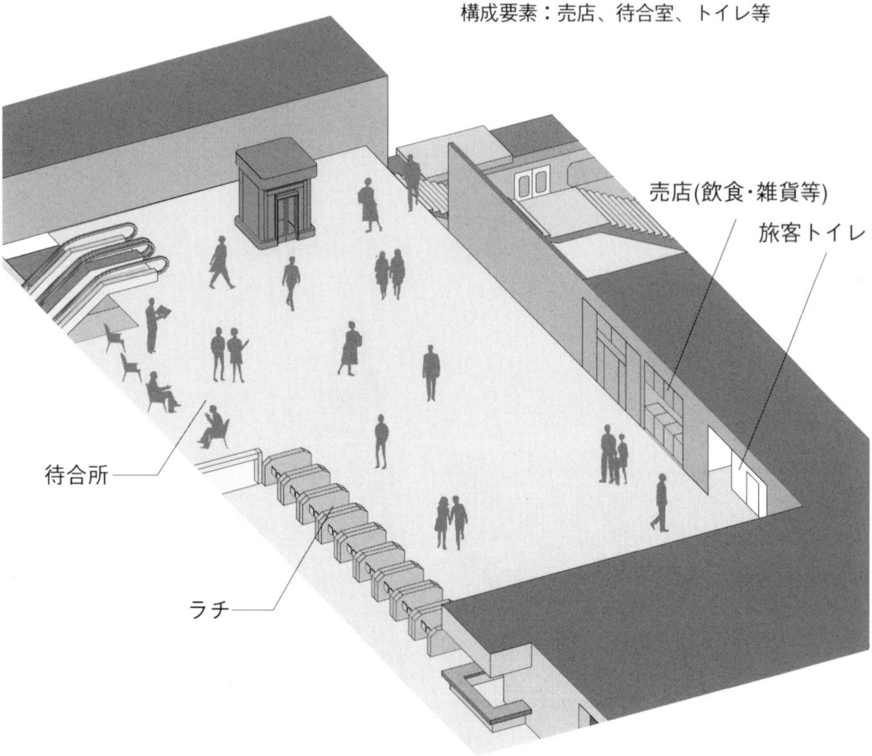

列車の到着と共に多くの旅客がそれぞれの目的に応じてさまざまに行き交う場。まちへと足早に去っていく者、乗り換えする者、乗車前に週刊誌を買い求める者、トイレを探す者、目的の列車が到着するまで佇む者、……。実に多様な行動が共存する場である。それゆえ規模の大きな都市部の駅では、統一化されたサインや情報コーナーなどで明確な情報を提供する必要がある。

また不特定多数の旅客が利用する駅の施設は年々変化してきており、最近では旅客用トイレのアメニティの向上が特に目を引く。公共性が高い施設である駅は誰にとっても利用しやすい環境を提供する必要があるため、身障者や乳児連れの旅客に対しても配慮がなされた旅客用トイレづくりが進められている。車椅子が利用できるゆとりある広さのトイレブースをはじめ、オムツ替えシートや簡易ベッド、パウダーコーナーなどさまざまな利用を想定した機能が備えられている。

旅客トイレ

旅客トイレ入口

身障者対応トイレブース内部

売店

軽食喫茶、雑貨、土産などの店が軒を連ねる

案内板

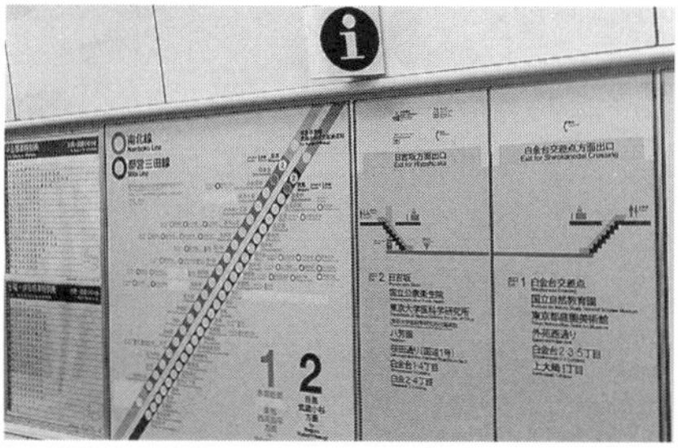

広い駅構内の移動では欠かせない情報源

待合所

コンコース内に設けられた待合所

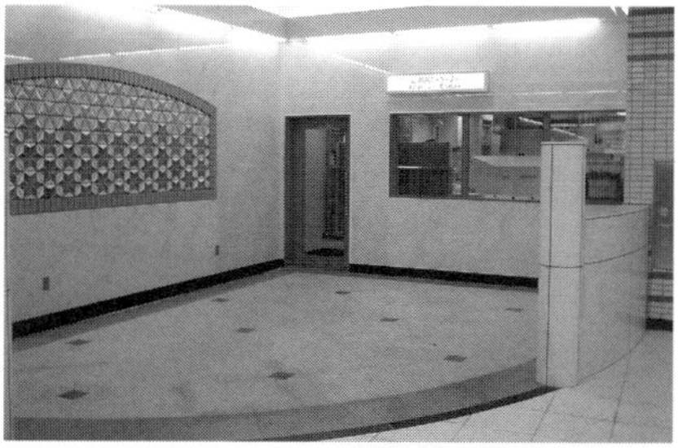

駅務室正面に設けられたイベントスペース

3 ラチ外コンコース

主 機 能：駅前広場・自由通路からラチまでの移動、パス・チケット購入、情報入手の場

構成要素：駅名表示板、きっぷ売場、案内所等

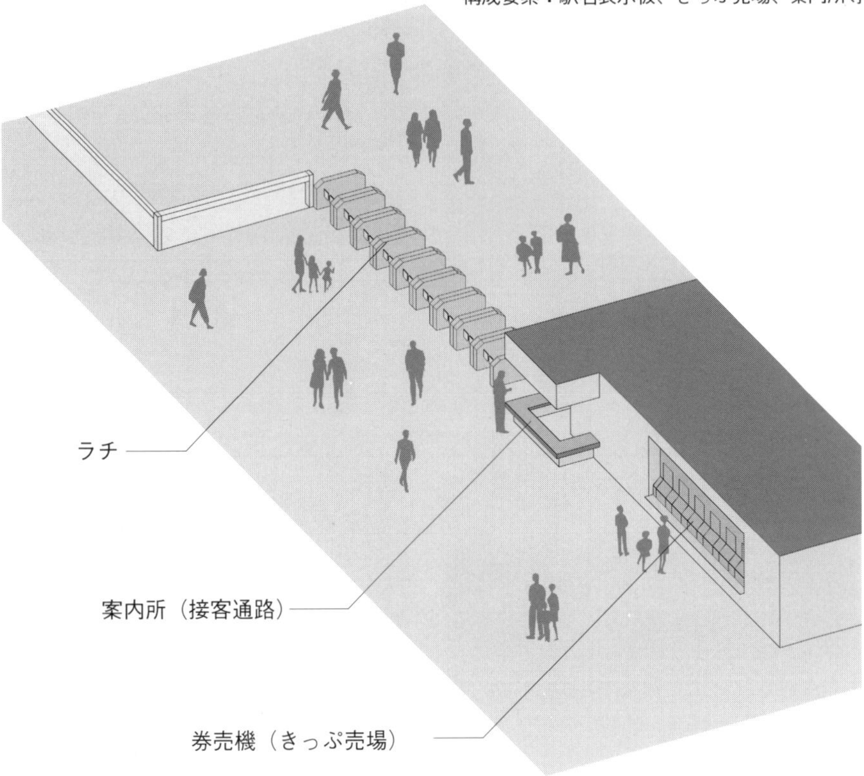

これから列車に乗ろうとする旅客に対してのサービス機能をもち、目的地までのルート検索やきっぷの購入、旅客への人的対応を行う場である。はじめて駅にきた人や切符を購入する人、その他諸々のニーズに対しての人的対応は重要である。これまでの閉鎖的な窓口に対し、近年では接客通路やオープンカウンターといった比較的開放的な形式に置き換わってきている。

また、券売機の進化にもめざましいものがある。音声ガイドや英語表示、ブラインド・タッチ操作方式など、チケット購入の新たなアシスト機能が付加されている。

鉄道駅サイン

駅前広場から駅入口をみる

駅入口に設けられたサイン

きっぷ売場

きっぷ売場

タッチパネル式の券売機と点字表示による運賃表

案内所

接客通路

オープンカウンター形式の案内所

4 自由通路

主 機 能：分断された街を結ぶ
構成要素：通路、広告看板等

近年の駅では、鉄道による街の分断を解決すべく自由通路が多くみられるようになってきた。地上を走る鉄道はまちを分断しており、これまで線路敷を横断するために駅脇の踏切や跨線橋、地下道などの施設を利用せざるをえなかった。それらは、地域内移動の観点からはけっして利便性がよいものとは言えず、歩行者、特に高齢者や身障者にとっては大きなバリアとなっていた。

このような背景をうけて、近年、駅施設に線路敷を跨ぐ通路として自由通路が設けられるようになった。自由通路はふたつに分断された駅前地区を結ぶ主要動脈となり、旅客はもとより都市生活における主なる移動ルートとしてその利用度は非常に高い。

また、今日の駅前広場はバスやタクシー、自家用車への乗降機能を優先した交通広場として成立しているが、人々が佇み行き交う自由通路には待ち合わせをする者や偶然出会った知人と談笑を楽しむ者、隣接する喫茶店で時間を過ごす者などの姿がある。自由通路が単なる通路ではなく、新たな広場としての機能を持ち合わせる可能性は大きい。

自由通路

自由通路外観

自由通路内観

終日多くの旅客や利用者で賑わう

案内板

左に行けば南口、右に行けば北口

自由通路に隣接する居心地の良い休憩所

1C まちづくりと駅

石橋裕之／株式会社交建設計

まちにとって駅とはなにか

産業革命の総仕上げとして登場した鉄道がイギリスで敷設されたのが1825年。以降ヨーロッパにおいて鉄道網が急速に発展してゆくが、すでに成熟していた都市部に新しい鉄道の入り込む余地はなく、多くの駅は都市外周のエッジに立地した（fig.1）。

日本では明治5年に初めて新橋～横浜間に鉄道が敷設され、以降急速に鉄道網が発達してゆくことになるのだが、やはり、都市の中に鉄道の敷設できる余地はなく、ヨーロッパ同様、都市のエッジに鉄道駅ができるということになる（fig.2）。

しかし、どちらも同様な都市と駅の立地関係にもかかわらず、なぜかヨーロッパの都市部には頭端式駅（終着駅式）が多く、日本は通過式駅が多い。ひとつには、ヨーロッパの都市は歴史的にそれぞれが独立した自治都市であったことから、鉄道は都市と都市を結ぶ都市間鉄道という意識が強く、日本は南北に細長いという国土の地理的条件もあろうが、各都市をリニアにつないで中心都市（東京、大阪等）へ連絡するという中央志向的意識が強かったと想像するがどうだろう。

一方、東京の地図を開くと多摩地区の立川駅まで一直線に伸びるJR中央線がひと

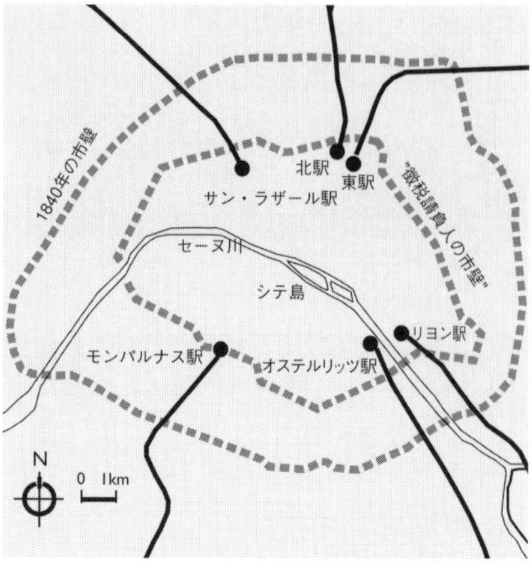

fig.1
パリの中心部と駅の位置関係：パリをはじめとするヨーロッパの主要都市においては、旧市街の周囲に他都市からの路線の駅ができた。各駅はそれぞれが終着駅（terminal）である

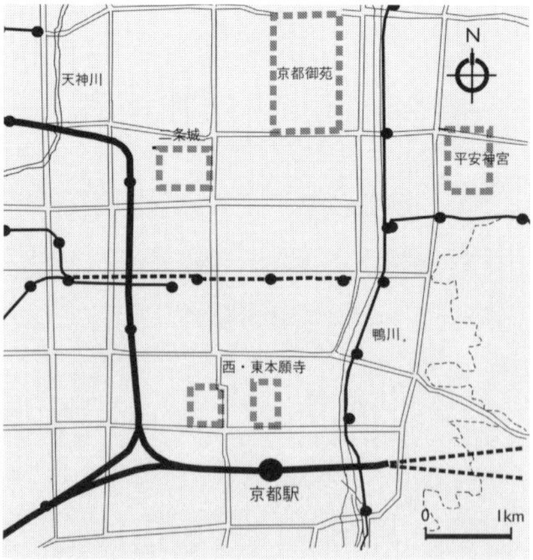

fig.2
京都の中心部と駅の位置関係：日本においても旧市街には鉄道駅はできなかった。しかしヨーロッパと異なり一般的に終着駅ではなく通過式駅のタイプである

きわ目をひくが、既存のまちが直線的に並んでいたわけではなく、明らかに鉄道が先に敷設されその後、まちが駅を中心に発展したとみて取れる。特に国立のまちは駅からまっすぐに伸びる並木道の大通りと、放射状に伸びる道路によって、駅を中心としたまちづくりが計画的になされた良い例だと思う（fig.3）。

日本では高度成長期に入ると、大都市への人口の集中による郊外都市のベッドタウン化が急激に進んだ。路線はさらに延伸され、大都市域は限りなく拡大するという。この状況にまちのインフラは追いつかない。そしてバブルで頂点に達した狂乱が終わりを告げると、津波がひくように駅周辺も活気を失ったのは記憶に新しい。

誤解を恐れずにいえば、旅客にとって駅の最小の機能は、列車の停車する空間とそれを待つ人の空間のみで足りるはずである（fig.4）。しかし、まちが拡大していくと駅は大量の人をはき出し、吸引するポンプのような施設となり、さまざまな思惑をのみ込んで、まちにとって制御のきかない何者かに変様していく（fig.5）。

かつてロラン・バルトは、著書『表徴の帝国』の中で、日本の駅について「（周辺地区の）職業や娯楽のなだれこむ空虚な地点、すなわち駅という洞窟」といった。その意味で駅とは建物を指す言葉ではなく、むしろこの「洞窟」のような存在を示す言葉に近いのかもしれない。地域次第でその意味を変える存在。しかし、それこそ「最も公共的な建物」といえるかもしれないが。

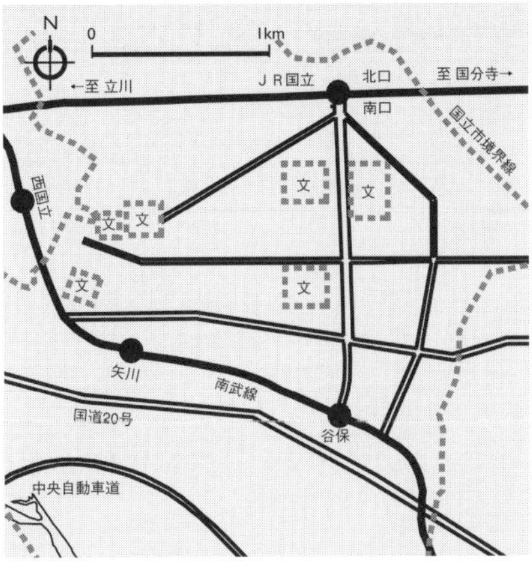

fig.3
国立駅とまちの関係：国立（東京）のまちは駅ができたことによって発展したことが明らかにわかる。今では駅を中心とした落ち着いたまちのたたずまいが大きな魅力となっている

fig.4
ホームがあって電車が停車する、最小限の駅の機能

fig.5
まちの発展は駅を変様させ、それがまたまちの発展を促す。終わりのない変化

駅と中心市街地の関係

一般的には新駅は中心市街地には立地しない。むしろ新駅はまち外れにあるというのが多い。しかし人口が増え、駅の利用者が増えてくるにつれ、駅と中心市街地の発展をめぐる一般的な相関関係があるようだ(fig.6)。大雑把に見れば、およそ次のようなステージを踏襲していくことが多いといわれる（以下、説明をわかり易くするためにあえて駅表、駅裏という表現を使用している)。

ステージ1：中心市街地から外れたエッジ部分に駅ができる。

ステージ2：駅利用者の増加に伴い駅前に商業集積ができ始める。

ステージ3：駅前商業地域が発展するとともに中心市街地の衰退が始まる（商業中心の移動)。

ステージ４：人口の増大にともなう駅表と駅裏とのポテンシャルの差が問題化。

ステージ5：駅裏開発及び駅の橋上化、自由通路の設置。

ステージ6：駅表のインフラ老朽化。駅前再開発計画の浮上。

右肩上がりの経済が望めない状況では再開発は成立せず、さらにモータリゼーションの発展に伴う郊外大型店舗の進出という事態が加わり、駅前のポテンシャルは下落する。

中心市街地活性化が問題になっている昨今の状況は、深刻な事態を抱えるまちが多いことをあらわしている。

しかし一方で、例えば地方の主要都市の

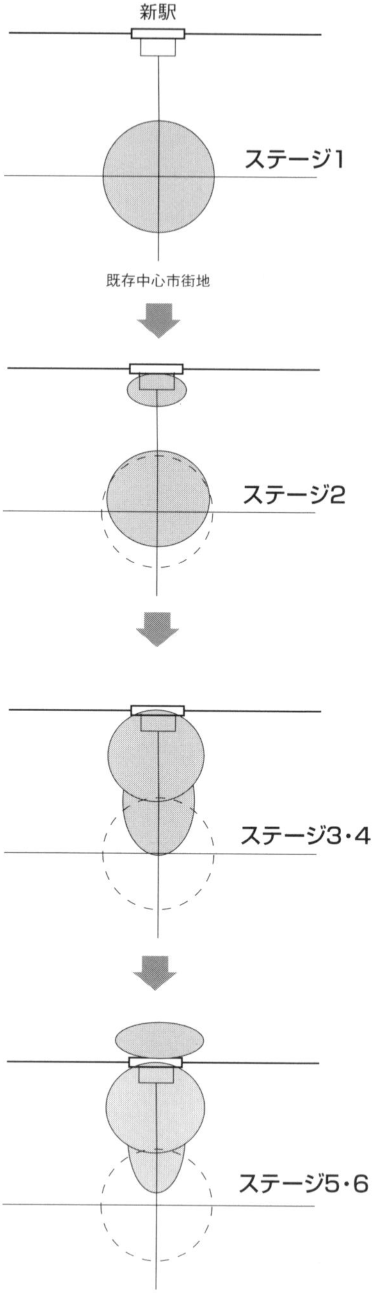

fig.6
駅前と中心市街地の典型的な発展形態

ように歴史ある都市の駅の多くは上記のストーリーが当てはまらないようにみえる。なぜなら、駅ができた時にはすでにかなり成熟した都市域が形成されており、そのため駅を利用する地元住民が少ないので、中心市街地の機能が駅前に移りにくいというのが主な理由ではないかと思っている(fig.7、8、9)。生活に必要なもの、文化、サービス等すべてが既存の市街地にあれば、あえて電車を使って他のまちへ行く必要がないということだ。

しかしそのような都市でも、新幹線が敷設され、時間距離が短縮されると、観光客が増えると期待していたにもかかわらず、かえって自分の都市の若者が東京へ流出してしまうという現象に悩む。時間距離が短縮すると人が流動しやすくなる。より引力の強い近隣の都市圏へのみ込まれていくという現象は、都市のアイデンティティをゆるがすものだ。

駅と都市、駅と中心市街地の関係というと、あたかも駅という「施設」とまちの間に、ある作用が働いているようにみえるが、実際は駅というゲートを通じてつながっているまちと外の社会の関係が、そうみせているのだというあたりまえのことを改めて思う。このまちは何なのかを駅は問いつづけているようにみえてくる。

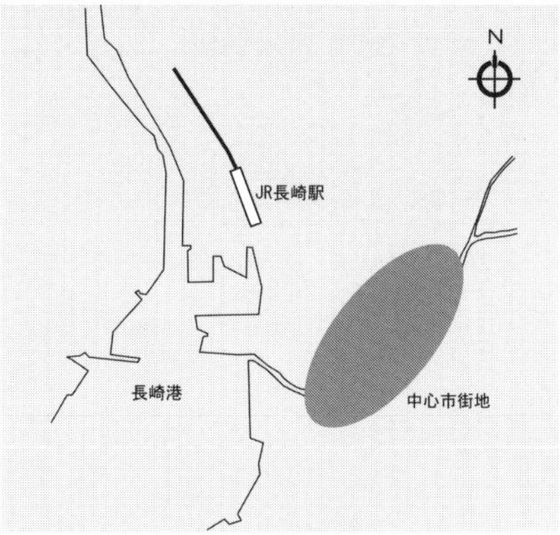

fig.7
長崎の中心市街地と長崎駅の位置関係

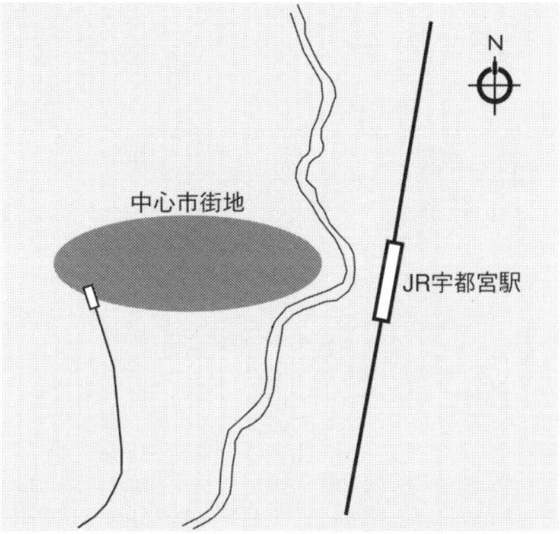

fig.8
宇都宮の中心市街地と宇都宮駅の位置関係

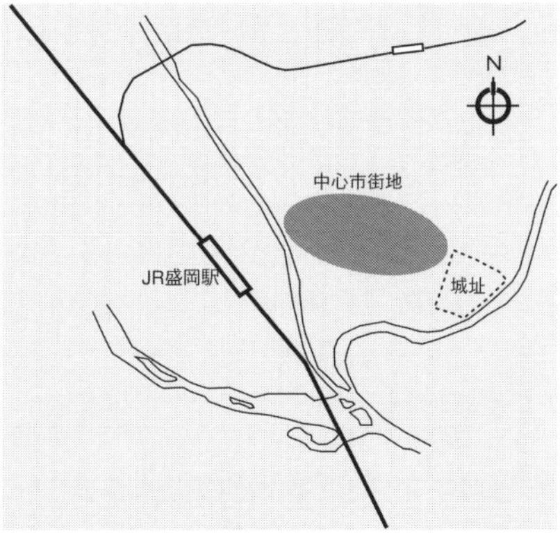

fig.9
盛岡の中心市街地と盛岡駅の位置関係

駅とまちのインターフェース

(1)「駅前広場」

初代新橋駅や初代大阪駅等の当時の写真をみれば、何もない駅前の広大な空間に人や人力車が三々五々集まってくる姿が見えることから、当初から駅前には人の集まる空間が存在していたと思われる(fig.10)。戦後、戦災復興の一環として各地で本格的な駅前広場整備が始まり、昭和28年には駅前広場研究委員会が設けられて駅前広場の面積算定式が提案された。これが今の駅前広場の原型となっている。その後、モータリゼーションの発展や都市構造の変化に伴い算定の見直し案が出されてきたが、それにより駅前広場はますます交通広場的性格を帯びてきた。

駅前広場が車で一杯になってくると、ペデストリアンデッキにより歩行者と車の分離が図られるようになる。ペデストリアンデッキの多くは歩行者の流動空間であり、JR豊橋駅前のようにペデストリアンデッキを利用し、市民にとって魅力ある広場にしようという積極的な試みはまだ少ないように思われる(fig.11)。

駅舎そのものは鉄道会社の計画範疇にあるのに対し、駅前広場は地元の手になる公共の空間である。利用者にとっては意外かもしれないが、駅舎と駅前広場が一体となった計画はでき難い構造がある。しかし、駅前広場と駅がまちづくりの一環として一体で計画されれば、これからの駅とまちづくりにとって大きな力となるのではないか(fig.12)。

fig.10
明治20年の初代新橋駅の駅前風景：駅前広場という概念は当時はなく、むしろ駅の前庭に近いものだったと思われる(写真＝交通博物館所蔵)

fig.11
ペデストリアンデッキが都市のシンボル空間になった豊橋駅東口駅前広場(写真＝そあスタジオ)

fig.12
JR川崎駅東口駅前広場 ： 広場をおおう積極的な植栽がメイン通りの並木通りから連続し、駅前を緑豊かなまちのイメージに一変させた

⑵「自由通路」

線路によって分断されたまちの、駅の表と裏を結ぶ「いつでも誰でも自由に通れる通路」をいわゆる「自由通路」と呼んでいる。ただし、駅に関わらない跨線橋は自由通路とは言わず、橋上駅に連絡する通路を特に自由通路と呼ぶことが多いようだ。

地平駅であれば駅裏にすむ住民は線路を横断して駅を利用しなければならないが、古い駅ではこれが一般的であり、実は今でも最も数が多い。まちが発展し人口が増えてくると列車本数も増え、踏切ではまちの交通事情に対応できなくなることや駅裏にすむ住民の利便性の悪さも無視できなくなり、線路の上空を渡る跨線橋がいわば必然的に要求されてくる。作るからには駅の利用者がどちらに住んでいようと公平に利用できるよう駅は橋上化される。つまり橋上駅と自由通路は通常セットである（fig.13）。

一般的に、自由通路は行政が利用者のためにつくるものであるが、通常巾員6～10メートル程度のただの通路であって、名前から想像されるような夢のあるものではない。計画においても担当部署の違いが計画に反映され、駅、自由通路、駅前広場は連続した空間であるにもかかわらず、それぞれ別々に計画されていることが多い。自由通路は線路をまたぐ関係上最低でも約6メートルの高さがあり、交通バリアフリー化の重点施設である。アクセスのしやすさ、他の交通機関への乗換えやすさを考えても一体的な計画の視点は重要である（fig.14、15）。

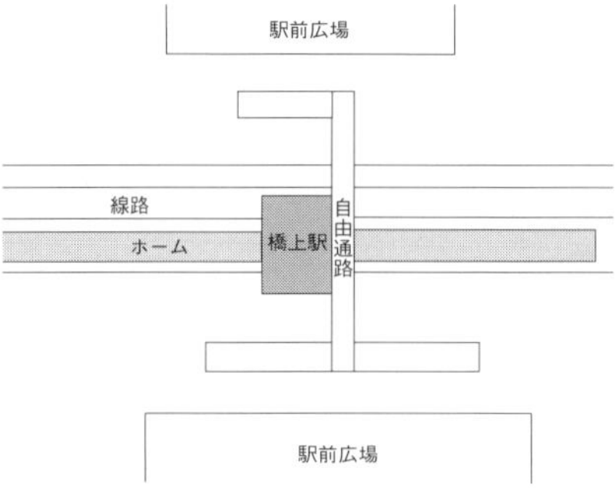

fig.13
自由通路と橋上駅の基本的な関係：自由通路と橋上駅、そして駅ビルの3つは、かつては「駅の3点セット」と言われた

fig.14
改札口から連続する自由通路の一般的な風景

fig.15
駅舎と一体にデザインされたオープンな自由通路（JRさいたま新都心駅）

再びまちと駅を考える

日本における鉄道は官主導で発展してきた歴史がある。特に旧国鉄は優秀な技術者と豊富な経験により日本の鉄道の骨格を築いてきた。その後、特に国鉄民営化以降、各鉄道会社は利用者サービスを積極的に進めるようになり、相乗して住民の地元駅に対する関心も高まってきている。駅とまちはその結びつきを次第に強くしているように見える。実際、各地で駅とまちが一緒になってさまざまな試みを実践し効果をあげている例も少なくない（fig.16）。

一方、地域交通計画の一環として、駅を中心に各交通機関の円滑な利用をめざす動きがある。各交通事業者のそれぞれの思惑を超え、環境負荷が少なく、誰もが使いやすいという視点、情報化社会を背景に、新交通システムや法規制まで既存の体系を再構築するような柔軟な発想が必要とされてきているようにみえる。

さらに高齢化社会に対応した地域のバリアフリー化である。もちろん駅だけがバリアフリーでも意味がない。地域全体が同じ思想で連続してバリアフリー化がなされる必要がある（fig.17）。

バリアフリーに限らず「地域の連続性」という概念はまちづくりにとって大変重要であるように思う。まちの空気がどこにいても感じられるということ、まちの記憶が継承されていくということなどが、住民の帰属意識や安心感、そして地域の文化の醸成につながっていくのだと思う（fig.18）。

まちづくりという視点からみたとき、こ

fig.16
「地域のための駅」というコンセプトが明快に打ち出された相鉄緑園都市駅には、地域住民のための貸しスペースや屋上庭園などが併設され話題となった

fig.17
地下鉄駅のための地上の歩道に設置されたエレベータ。地上から直接エレベータで、地下駅のコンコースへアクセスできる

fig.18
永年にわたり住民に親しまれてきた東急田園調布駅の旧駅舎は、まちの記憶をとどめるために保存再生された

れからの駅に何が求められていくのだろうか。fig.19はある都市の新駅の計画に対するわれわれの提案である。コンセプチュアルな案ではあるがこれからの駅と地域のあり方についてのひとつの参考案として紹介したい。

計画によれば、新線は高架でまちの郊外を横切っているが、将来この駅を中心とした新都市計画構想を持つ市は将来のまちの中心にふさわしい駅を求めている。われわれは、鉄道により東西に分断されることになるまちをいかに一体化させ、裏も表もない地域の中心をいかに将来的に担保し、計画するかが最重要ポイントであると考えた。

まず、駅を中心とした広大な広場を設けた。この広場はいわゆる「駅前広場」ではなく、地域の広場であり、鉄道はその広場の上空を横切って走る。この広場によりまちが分断されている意識はなく、「自由通路」も必要ない。中心に位置した駅は周辺地域のランドマークとしてどこからでも明確に視認でき、アプローチできる。高架下部分は他交通機関から駅へのスムーズな接続空間として利用され、それにより駅の正面は人のための空間として開放される。

通過交通が排除された広場周囲は、人車共存の道路とし広場内には車の乗り入れはない。駅と広場は空間的に連続し、駅の機能は外部から見え、どこに何があるかが一目でわかる「わかりやすい駅」をめざした。

広場の中に駅がある。地域のために広場と駅が共存し、まちのための施設として計画できたら、まったく新しい都市の風景ができるのではないだろうか。

fig.19
新駅と地域の新たな共存の風景へ向けて提案された、「広場の中の駅」の構想案

1D ヨーロッパと日本の終着駅

宮林敬幸／株式会社交建設計 社長

終着駅、これは旅の始点であり、終点である。人生になぞらえれば別離（日本人は特にこの言葉が好きなようである）、再会のドラマの場である。それはすなわち連続ではなく不連続点であり、人生におけるターニングポイント、メリハリの場である。この場所をヨーロッパにおいては大終着駅としていやがうえにも強調し、感動を与えるクライマックスの場に仕立て上げるのに成功している。

ここで終着駅とは何かということを少しみてみよう。英語では“Terminus”または“Terminal Station”、COD（The Concise Oxford Dictionaryの略：オックスフォード大学出版の英語辞書）によれば、“Station at end of railway or bus route”ということになり、ある路線の終りの駅ということになる。この意味からいえば大阪駅や新宿駅は列車の終点駅ではあっても終着駅ということは厳格には難しい。しかし日本の鉄道では明確な定義はないようなので、ここではイメージとして多くの列車が着発する駅も含むことにしよう。

ところで多くの場合、終着駅は頭端式駅（線路がそこで行き止りの駅）の形をとっている。特にヨーロッパの大終着駅はこの形がほとんどである（fig.1、2）。旅客営業を行った鉄道は、1830年のイギリス、マンチェスター～リバプール間の開通をもってその嚆矢とするが、もともと自由競争の民間鉄道としてロンドンを中心にイギリス各地に広がった。このような傾向は、ヨーロッパの大都市で大略同様であった。いきおい各社は、自社路線の終始発点として旅客を多く見込める大都市に駅を設けた。当時すでに大都市中心部は石やレンガ造等の中高層の建物で占められ、鉄道の終始発駅は中心部に入れず、大都市外周部に頭端式の駅をつくった。それらの駅どうしが互いに結ばれたのはヨーロッパにおいてははるか後のことである。

鉄道は旅の様相を一変させ、そのスピードと大量輸送力によって時代の寵児として脚光をあび、その象徴である終着駅は、都市のゲートとしての役割を果たし、いきおい、時代を代表するものとして、きらびやかにして荘重で、各社の威光を示す絶好の構造物となった。そして新時代の建材である鉄とガラスを使い最新の技術を駆使して、19世紀の教会となったのである。

一方、日本では事情は大きく異なる。鉄道は明治5年（1872年）10月、新橋～横浜間に初めて開通した。それ以降明治政府最大の殖産興業策のひとつとして、全国網の形成が急務であった。最初の新橋～横浜間において駅は新橋、品川、川崎、鶴見、神奈川、横浜の計6駅が設けられ、両端の新橋駅、横浜駅は頭端式の終着駅であった。関西での鉄道建設は明治の初期、雇外国人技師J.イングランドの調査によりまず大阪～神戸間と計画されていた。この時の大阪駅の予定地は堂島3～5丁目であった。この後、路線を京都まで伸ばすことになり、あらためて大阪駅の位置を再検討することになった。堂島まで入れば、大阪の市街地近くのターミナルとしては申し分ないが、大阪から京都に向け路線を伸ばすには、この駅は頭端式の駅となり列車はスウィッチ

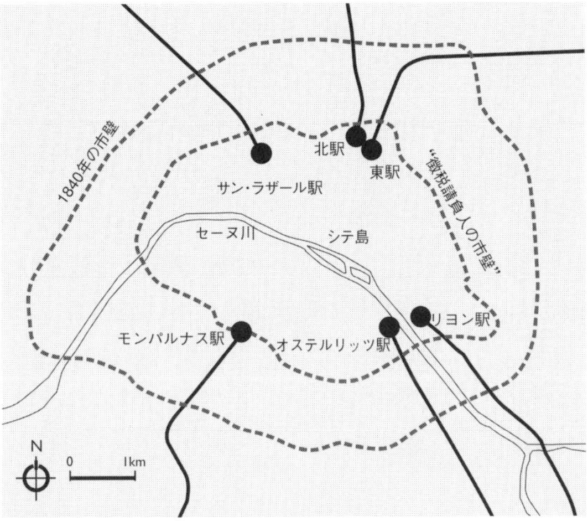

fig. 1
市壁に囲まれた都市、パリと終着駅：パリの市壁は、12世紀末から19世紀半ばまでの間に、シテ島を中心として同心円状に拡大。18世紀末には、市を取り囲んでいた市壁を境に、市民の消費する物品に入市税がかけられていた。いわゆる「徴税請負人の市壁」である。終着駅は、この「徴税請負人の市壁」を通過して数百メートル内側、当時の市街地の限界にあたる位置におかれた

fig.2
パリ北駅（1860年建設）：ヨーロッパに多く見られる頭端式の終着駅内観

バックをしなければならない。明治5年(1872年)、鉄道の責任者であった井上勝は、「大阪西京之間鉄道建設調書」をつくり、大阪駅を通過式とする甲案と頭端式とする乙案とを比較検討した。その結果甲案は建設費が多少多くなり、市中心部からやや離れるが、「往々の便利がある」との理由から、大阪駅は通過式の駅となった（fig.3、4）。ヨーロッパの大都市ターミナル駅は頭端式が主流の時代であり、この大阪駅も外国人設計では頭端式であった。それをあえて通過式が有利であるとして、この方式をとったのである。この判断はその後の日本の大都市におけるターミナル駅において踏襲され、そのためわが国においては近郊型の私鉄の駅を除いて、ほとんどヨーロッパ型の大終着駅はつくられることがなかった。そしてこのような技術の自立習熟過程での先駆的判断は、日本における鉄道建設に、独自性と自信を生み出した。

ここで頭端式駅と通過式駅の特色をさらに詳しくみてみよう（fig.5）。頭端式では線路は駅本屋前で行き止まりとなり、その先が改札口、さらに駅コンコースを含む駅本屋となる。この方式では地平に線路があれば、旅客は階段を使うことなく列車に乗り込める。場合によっては、ホームまで自動車等で乗り入れることも可能である。大きな荷物を持った人や老人、身障者等にとっては有難い。欠点としては、機関車けん引の場合、機関車をつけ換える必要があること（現在では他の方法もあるが)、旅客はホームの端からのアプローチとなるため、前方の車両等へ行く場合歩行距離が長くなること、同じ線を上り下りの列車で使うため、線路本数がよけい必要なこと等、列車運行の面からはデメリットが大きい。通過式駅はこの反対となり有利性が大きく、日本ではほとんどがこの通過式駅である。また他の理由としてはわが国では当時木造を中心とした都市で、中心部まで比較的入りやすかったこと、鉄道の建設が官営で、最初から大都市を結んだネットワークづくりを計画したこと等も原因であろう。

いずれにしても日本では大都市における本格的な終着駅がなく、通過式となっている。建物としてみるとこの通過式駅は線路と建造物が平行となり、線路と建造物が直角に相対しそれをガッチリと受け止める頭端式駅と比べると、異空間への移行である旅の起承転結という面でどうしてもメリハリが少ない。

しかし数も少なくスケールも小さい日本の終着駅の中で上野の地平駅は、駅本屋こそ線路と直角でないものの本格的な終着駅の要素をもっている。そのため日本人の心の琴線に触れるところがあるのであろう。

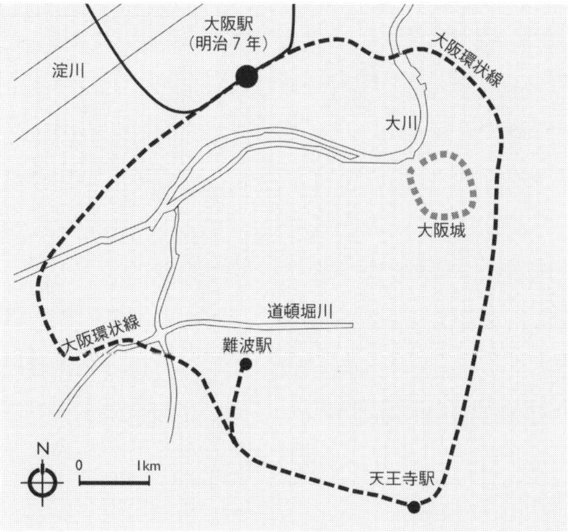

fig.3
大阪駅と市内路線ルート：明治7年（1874年）、日本初の通過式駅として開業した大阪駅は、その後の市内の鉄道路線に大きな影響を与えた。また、現在大阪の重要な交通機関である大阪環状線は、昭和39年（1964年）に現在の形態として整備された

fig.4
明治7年（1874年）に日本初の通過式の終着駅として開業した初代の大阪駅（写真＝交通博物館所蔵）

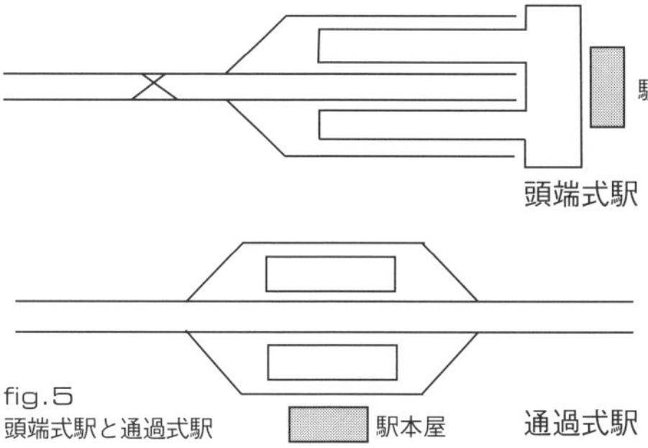

fig.5
頭端式駅と通過式駅

＊この文章は、『建築保全』1995年1月号（財団法人建築保全センター発行）の特集「終着駅」に掲載された、「鉄道における終着駅――日本の鉄道の終着駅」を基にして、同一著者と編者によってその内容を部分的に抜粋し、加筆・修正したものである。

インタビュー

ライティングスケープ／駅

面出 薫

（照明デザイナー／ライティング　プランナーズ　アソシエーツ代表）

光もあれば影もある、「適光適所」の照明デザインを

めんで・かおる

1950年東京生まれ。東京藝術大学大学院修士課程修了。1990年ライティング　プランナーズ　アソシエーツを設立。さまざまな夜の街の光を観察し報告する、照明探偵団の団長としても活躍。武蔵野美術大学教授、東京大学、東京藝術大学非常勤講師。

照明デザイナーとしてかかわった主な作品：京都市コンサートホール、東京国際フォーラム、JR京都駅、豊橋東口駅前広場、せんだいメディアテーク。著書：『照明デザイン入門』（彰国社）、『あなたも照明探偵団』（日経BP社）、『建築照明の作法』（TOTO出版）など。受賞：日本文化デザイン賞、毎日照明デザイン賞ほか。

暖かい電球色の蛍光灯を提案したが……

駅というのはただ単に切符を切っているところではありません。映画でも駅の名場面はたくさんありますよね。そこでは出会いがあり、別れがある。駅は人生のなかでも大切な出来事が起こる場所です。そこを行き交う人を見ているだけで、私たちは何らかのドラマを感じたりもします。

駅の空間も、ある種の情感をかき立てるようなデザインであるべきだと思うのですが、残念ながらわが国の駅には、そうした例が少ないと言わざるを得ません。

「ビッグハート出雲」という複合文化施設の設計に照明計画で参加したときのことです。敷地はJR出雲駅のすぐ前で、駅のリニューアルと同時期に進められていました。駅の光とつながっているのだから、一体的にデザインしたいと考えて、駅側の照明デザインについてもJRに提案しました。すべては難しいにしろ、白色の蛍光灯を暖かい感じのする電球色の蛍光灯に変えるぐらいは認めてもらえるのではないかと思ったのですが、それもダメでしたね。同じ値段で、ルーメン数も同じなのですが、それでもできないんですね。「前例がない、この駅だけがそれをやるわけにいかない」というのです。これが日本の駅のつくり方なのだなあと実感させられましたね。

明るすぎる駅舎が定着してしまっている

20世紀における日本の都市や住宅全般に言えることなのですが、照明については光の量を確保することのみが追求され、光の質ということには無頓着でした。近代化して生活が豊かになることと、暗いところをなくして明るくすることが、等価と受け取られていたようです。

交通施設においても、そうです。長寿命

で効率のいいランプを使って、とにかく明るくつくることを目指していました。地下鉄のプラットホームでも、水平面照度が400ルクスぐらいはあるでしょうか。これは事務室の水平面照度に近い値です。そういう明るすぎる駅舎というのが、日本では定着してしまっているのです。

目に付くのは、110Wの長い蛍光灯ですね。効率は高いですが、あれだけ長い蛍光灯は普通のオフィスでは今はほとんど使われていません。それがむき出しで使われているので、そこに目は引っ張られるし、周りが暗く見えるし、利用する人の目には決してやさしくないですよ。でも、「明るさイコールまぶしさ」と誤解している人も少なくないし、床、壁、天井などの仕上げも、白っぽい反射率の高い材料だけしか使われていません。それは日本独特の、間違った考え方です。

「とにかく安全に」という考えが必要以上の明るさにつながっているのかもしれませんが、明るさに頼らなくても、たとえばプラットホームの先端に小さな発光ダイオードを並べて点滅させ注意を促すなど、安全を確保する方法というのは、ほかにもたくさんあると思うのですけれども。

水平面照度の数字にとらわれすぎている

本当は、機能性や安全面だけではなくて、空間の気持ちよさとか、風景としての美しさとか、そういうことも大切だと思うのですが、そういうふうにつくられた駅は日本では本当に数が少ない。

海外では、たとえばワシントンD.C.のユニオン駅の例があります（fig.1）この地下

fig.1
ワシントンD.C.のユニオン駅（照明デザイン＝ウィリアム・ラム、建築設計＝ダニエル・H.バーハム、1988年）

駅では巨大な土木空間の天井を間接照明で照らして素晴らしい効果を上げているのですが、照度は50ルクス程度しかありません。実際、少し暗いかなとも思いますが、それでも電車を待つ程度の時間であれば、新聞を読むのもそれほど苦ではないのです。

日本の駅の設計では、水平面照度などの数字にとらわれすぎているようにも思います。そういうスペックを達成することは、僕らのような照明デザイナーが行っている仕事の大切な部分ではありますが、あくまで部分であって、きちんと設備設計の計算を間違えずにできる人なら、自動的にできることです。だけど、人の心を打つような空間にするには、光を量を単純に計算するのではなく、もっと人間の知覚や感じ方、そういう立場に立ったつくり方が求められてくると思います。

光を吸収する黒い御影石を使った京都駅ビル

それと、日本の駅空間は影があるとまずいとされます。できるだけ均一に、ここもあそこも同じような照度にしないといけません。しかし、すべてに同じように光が当たっていると、のっぺりとした感じになってしまって、気の利いた情景にならないのです。本来はそうではなく、必要なところに必要なだけの光があたっている状態、それを私たちは「適光適所」と呼んでいますけれども、そういう状態が望ましい。そういうことをせず、全部を均質に明るくするのは、省エネルギー的にも問題があります。

「適光適所」では、明るいところがあれば暗いところもあります。しかし、光を受けるところの反対側に暗いところができるというのは当たり前のことです。それが自然だし、空間にも表情が生まれ、豊かに見えてきます。

私たちが設計に加わったJR京都駅の巨大吹き抜け空間では、そうしたことを意識して照明をデザインしました（fig.2）。原広司さんによる建築デザインも、仕上げに光を吸収する黒い御影石などの材料を使ったことも駅として画期的でした。結果的にそこでは、明るさと暗さの両方がある素晴らしい空間ができあがったと思います。試算では、62％ものエネルギーが節約されました。建築コンペで設計されたコンセプトの明確な駅だからできたことかもしれませんが。

朝昼晩で変化する地下駅があってもいい

地上の駅なら自然光によって時間ごとに変化を見せるのですが、地下にある駅の場合は、朝昼晩と同じ表情のままになってしまいます。時間の流れがまったく感じられません。変化のない世界に身をゆだねるというのはつらいです。これも、なんとかならないでしょうか。

照明をうまく使えば、地下でも時間の要素を入れたデザインは可能です。たとえば、朝は壁方向からたっぷりと光を与えて、通勤する人に爽快な感じを味わってもらい、通勤ラッシュが終わったころには、光の量を抑えてゆったりとした雰囲気をつくり上げる。ときには光がキラキラとフリッカーしてもいいのかもしれない。そんな時間に

fig.2
JR京都駅（照明デザイン＝ライティング　プランナーズ　アソシエーツ、建築設計＝原広司＋アトリエ・ファイ建築研究所、1997年）

よる光の演出は、駅を利用する人々の気持ちをリフレッシュさせるし、空間としては快適なのではないかと思うのです。そういう揺らぎとか、うつろいとかを視覚化した地下駅の照明デザインがあってもいいのではないでしょうか。

変わりつつある
駅の照明デザイン

いろいろ言わせてもらいましたが、駅自体も変化し始めていますよね。

機能的には様々なショップが入るなど、これまでのように人を流すだけでなく、人を滞留させる施設として、駅の姿が把え直されようとしています。それに従って、私たちがフラストレーションを感じていた光環境についても、少しずつ良くなっていると思います。たとえば、従来なら効率が悪いとされて認められていなかった間接照明も、それを採り入れた駅が少しずつ見られるようになっています。

この傾向は高く評価できます。多少、効率が悪かったり、明るさが減ったりしても、この方が気持ちいいということに、だんだん多くの人が気付いてきたのでしょうね。視覚的な快適性というキーワードが徐々に認識されてきています。ひとつできるとまたひとつという具合で、こうした駅は急速に増えていくと思います。

聞き手＝磯達雄／建築ライター

2

駅をめぐる協調と実践

2A 土木×建築×……
＝コラボレーション時代の駅展開

2A-1
駅をめぐるトータリティの再構築へ
──「技術の融合」、「心の融合」

インタビュー

後藤寿之
鉄建建設株式会社、常任顧問
1938年生まれ。東京大学工学部建築学科卒業。日本国有鉄道（当時）、JR貨物（株）専務、（株）I.P.C社長、鉄建建設（株）専務を経て、2002年7月より現職。工学博士（東京大学）、一級建築士、技術士（建設部門）。

融合への眼差し

Q：駅という空間はその施設の性格上、土木や建築、電気、設備などの技術が複雑に絡み合ってでき上がっていて、それゆえに縦割りに細分化されたままで空間全体ができ上がってしまっているような印象があります。エンジニアとして数々の駅の設計に関わってこられた経験を踏まえて、最近さまざまな分野でテーマになっているコラボレーションという側面を中心に駅についてお聞かせ下さい。

A：私はもともと、鉄道や駅とその周辺の街との連環に興味がありました。ところが、実社会ではさまざまな技術体系の枠組みがあり、それぞれ「建築屋」、「土木屋」、「電気屋」などといったくくりの中で、自分の仕事の範囲が決められていました。「こういうものがつくりたい」、「こういうふうにしたい」といったことがまずあって、「そのためにはどうすればよいのか」と強く感じていたのです。それが私のその後の原点でした。日本のノーベル賞第1号の湯川秀樹博士は、20世紀の科学の進歩について、専門の「細分化」と「総合統一」のふたつの方向がバランスすることの大切さを強調し、科学分野の細分化のみが進行する傾向に強い懸念を抱いていました。鉄道分野でもまったく同様でして、「総合」の必要性を痛感すると同時に、異分野の技術を寄せ集めるだけの「総合」から、相互の良さを融け合わせて新しいものをつくる「融合」の大切さを意識しながら実際の仕事に携わってきたように思います（fig.1）。この思いをまとめたいということもあって、数年前に駅における技術の融合の必要性とその検証を行った論文（「鉄道施設の構造計画──構造計画における技術再融合」、東京大学博士論文、1996年）を大学に提出しました。さらに、その内容を分かりやすく書き改めて『技術融合のとき』（オーム社、1999年）という単行本にしました。また、技術士（建設部門）の資格を取得したのも同じ発想からです。

融合へのチャレンジ
――多層大空間を実現した東北新幹線仙台駅

Q：1970年代に設計を担当された大規模な駅空間である東北新幹線の仙台駅を中心に、融合という観点からお聞かせ下さい。

A：仙台駅の設計は私が最初に関わった大規模な仕事でした。高架橋の上に新幹線の線路とホームを設置し、またペデストリアンデッキで駅を街とつなごうというものでした。鉄道の世界はさまざまな技術分野が共存していて、いわば「総合技術のデパート」です。そういった技術を活用して、仙台駅という総合的な場をつくろうという大規模プロジェクトだったのです。しかし、計画がはじまると、「この範囲は土木が設計するから、建築はこの部分の仕上げをして」といったようなことを言われたのです。大きな疑問でした。

例えば、東京駅の八重洲口の高架部分をみると分かりますが、従来の高架橋というのは、まるで神殿建築の列柱のように短いスパンの巨大な柱で構成されています。とにかく太い柱だらけです。また、高架橋は、コンクリートの伸縮に追随するために、25メートル程度ごとにエキスパンションジョイントという伸縮継目が必要でした(fig.2)。そのため、高架下に店舗やコン

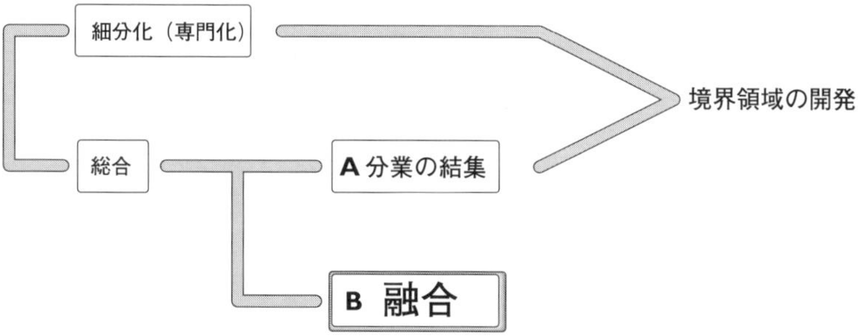

fig.1　科学技術の進歩・発展

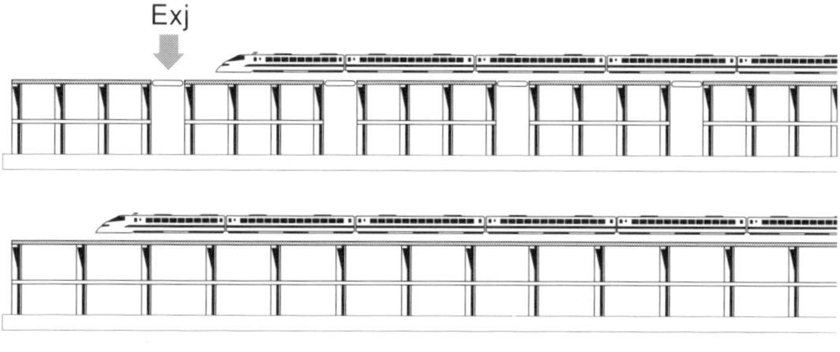

fig.2
高架橋とエキスパンションジョイント（Exj）：Exjの多い高架橋（上）からExjの少ない高架橋（下）へと進化していく

コースなどを配置すると、ジョイント部分からの雨漏りなどの障害が発生することが悩みです。建築物の場合は、通常そのような障害はありません。その他いくつかの疑問もあって、仙台駅の構造計画に関して、従来の土木からの解析だけではなく、建築的な視点からも構造解析をして提案したのです。そうしたら「おもしろいからやってみよう」と、土木系の先輩からの理解を得ました（fig.3、4）。仙台駅というひとつの対象をつかまえて、その最適解を得るにはどうしたらよいのだろうかと考えました。辿りついたアイディアは土木構造物を鉄骨鉄筋コンクリート造（SRC造）でつくるというものでした。当時、多層のSRC造は建築では普及していましたが、土木では初めての試みでした。震動や変形に対し許容性の極めて少ない剛性設計を要求される従来の土木技術をベースに、建築のSRC造の技術を融合させることによって、柱のスパンを従来の8.3メートルから12.6メートルまで大きくし、コンコースには見通しのよい大きな空間を確保し、さらに450メートルある新幹線のホームのエキスパンションジョイントをわずか2カ所にすることができたのです。

土木技術が先行して駅空間の枠組みを決定し、建築やその他の技術がその後に関わってくるといったプロセスではなく、計画の最初から両者が共同して計画を進めていく。そうすれば、駅空間を多層空間として最大限に活用でき、線路の上部には駐車スペースを設置し、線路の下部には街とのつながりを大切にした商業施設や大きな公共的なスペースを盛り込むことができる。不特定多数が集まる駅のポテンシャルをその空間を最大限に活用することによって引き出そうとした試みが成功した最初の例だと思っています。

さらに、1990年代に入ってからのPC造多層構造物についても少し触れてみましょう。JR貨物の物流ビル（fig.5）は、高さ31メートル、5階建て、スパン12.5メートル、最大階高9.5メートルの建物でして、断面的には仙台駅によく似ています。当時、鋼材価格の異常な高騰といった状況に遭遇し、SRC造に替わる手法を模索した結果、設計事務所やメーカーの提案と協力でPC造多層構造物の構法を開発しました。この構法はサッカーのワールドカップ2002の決勝会場となった横浜国際総合競技場でも採用されています。工場製作による品質の高さが生む超耐久性と、初期には弱点といわれた接合部がその後の進歩で損傷制御設計としての耐震性にも優れたものとなっており、ユーザーの要求性能を実現する21世紀の新しい構造、構法として注目されています。

線路上空というポテンシャル

Q：技術融合による駅空間の有効活用といった点から考えると、高架下空間だけでなく、線路の上空部分の活用といった問題もあると思いますが。

A：線路上空の利用方法についてはライフワークとしてずっと考えてきたテーマです。1970年代、日本の鉄道はまだまだ発展

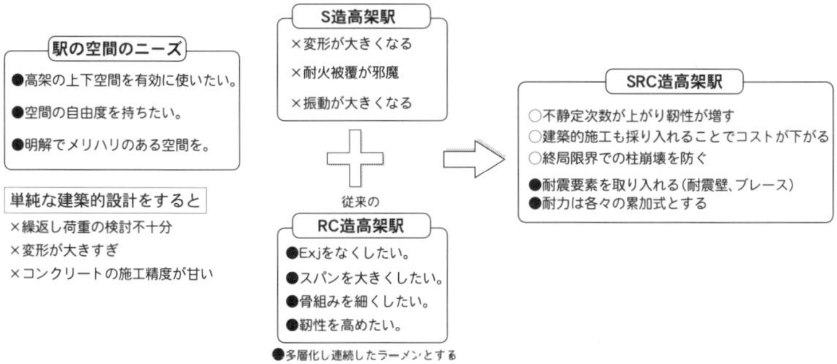

fig.3
高架橋の骨組みの構造計画が融合していく過程を示した検討プロセスのフロー図

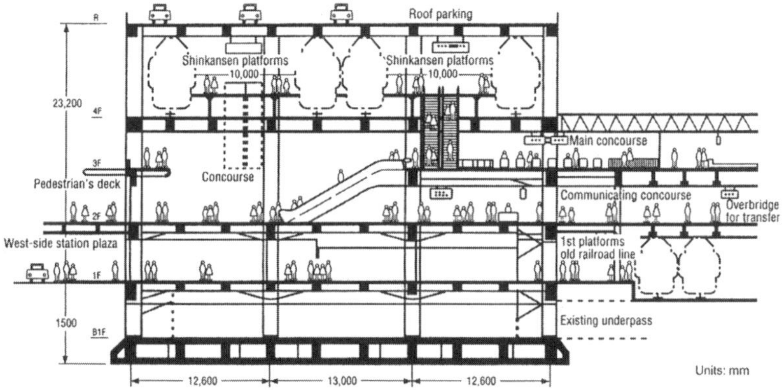

fig.4
仙台駅の断面：従来の高架下駅にはなかった開放的で大きな内部空間を実現している

fig.5
PC造で建設されたJR貨物の物流倉庫、エフプラザ・隅田川

途上の状況でしたので、鉄道の上下に強固なものをつくってしまうことは、将来の線路のフレキシビリティを制約してしまうのではないかという意識が非常に強かったと思います。線路上空利用のひとつのサンプルに、ニューヨークのグランドセントラルステーションがあります。駅の上空に数ブロックにわたる街区が広がっているのです。なぜ、日本ではこのようなことができないのだろうか。もちろん地震の有無といった地理的なこともあります。しかし、仙台駅での土木と建築の技術融合による多層空間活用が契機のひとつにもなり、その後日本流の大規模複合された駅が次々と建設され、また、土地や建物の区分所有などに関する法整備も進展し、線路上空利用を実現するさまざまな周辺環境は随分と整ってきたと思います。

マスタープランナーという存在

Q：海外の駅などをみていると、同じ駅というビルディングタイプでもずいぶんと空間の印象が違います。これは、各国における歴史的な違いや表層的なデザインの問題だけでなく、もっと根本的な、駅を建設して運営していくシステム自体の違いに起因するところが大きいのではと感じることがあります。海外と日本の土木と建築の枠組みやシステムの違いといったものはあるのでしょうか。

A：海外と日本とでは、土木と建築の領域の捉え方に違いがあると思います。例えば、パリのエッフェル塔や日本の城郭建築などをみると、今でいうような土木や建築といった領域の考え方自体が存在していませんでした。それが、明治以降、現在のようにさまざまな設計基準も含めて、学会、行政、実業界が揃ってそれぞれに独立した形できれいに分かれてきました。大学の教育をみても、最初は構造力学や材料力学などを共通の授業としていて、これは海外でも同様です。しかし、3年生、4年生と進級するにつれて細分化されてきて、社会に出るとさらに職域が分化していく。このような体系は日本独特の状況でしょう。実際、海外からいわゆる構造系の仕事で来日する方は、自分のことを「ストラクチュラル・エンジニア」と呼ぶだけで、土木とか建築といった仕切りでの呼び方はしません。やはり、何かモノをつくっていく時には、そのような領域に分かれた体系に過度に従う必要はないのではないかと感じます。社会で実際に仕事をしていく上では、ある共通の利害で結ばれている人々が集団を構成するわけですし、その結束力というのが非常に強いのです。そこでは、各々領域をもっている人々が、ある共通の目的に向かって問題を乗り越えていこうという協調する心構え、技術の融合だけでなく心の融合といったことが非常に大切になってきます。お互いの領域に口を出すわけですし、このままでは上手くいかないということをお互いが認め合わないといけないわけですから。こういったことは現実の社会の中では簡単にできることではないと思いますが。

Q：技術の融合に加え、心の融合を推進していく上で大切なことは何ですか。

A：私は4つあると思っています。ひとつは、目的物の最終の姿を洞察してその全体像を総合的に捉えるという「総合」。ふたつめは、その目的が既存の分野の分業や寄せ集めだけでは達成できない新しい共通の目的であることを相互に認識するという「共通認識」。3つめは、異分野間で率直に主張し合い、またお互いの長所を認め合う相互浸透と相互理解を繰り返すという「相互浸透」。そして4つめは、その成果は相互の功績であって、どちらの手柄でもないという謙虚さと公開性をもつという「非独占」。この4つがあってはじめて、強い個性と専門性に裏づけられた個々のメンバーの力をフルに引き出して、新しいものを創造していくことが推進されると考えています。

Q：日本の駅空間で感じる全体としてのある種の違和感や海外との印象の差というのは、この「総合」の問題に大きく起因しているのではないかと思うのですが、駅のトータルコーディネーションという側面についてお聞かせ下さい。

A：この部分が日本と特にヨーロッパとの違いだと思います。やはり、それぞれの技術やデザインが育まれてきた風土がずいぶん違うのでしょう。ヨーロッパの駅では、線路部分の土木構築物も建築物もひとりのチーフアーキテクトのコントロールによって総合的にデザインされるケースが非常に多いのです。土木と建築の要素が一体となった施設の計画に際して、総合的な視点からコーディネートしていく顔のみえる「マスタープランナー」が存在しているのです。この点が、日本との大きな違いだといえます。

しかし、日本でも状況は変化してきていると思います。首都圏などの複合化された大規模な駅などをみると、ホームから上部の建築までをトータルに設計しているケースも多くなりましたし、ある設計者の意志をしっかりと通していくことが大事なんだということが実例としてでてきています。鉄道事業者の中にも、「総合」の大切さは定着してきています。まだまだ、既存の細分化された領域性といった風土は根強いし、もう少し時間はかかるかと思いますが、駅空間全体をトータルに考えていく「マスタープランナー」のような存在の重要性はこれから認識されていくでしょう。

さらなるトータリティへ
――行政も融合

Q：近年、日本の建設業界は従来のようなスクラップ・アンド・ビルドからストック建物のリノベーションへの転換期を迎えています。ある程度「ハコモノ」が充足してきた中で、今度は、既存の「ハコモノ」をいかにして有効活用していくことができるかが大きな社会的なテーマのひとつといえます。駅についても同様です。しかも、土木と建築が一体化した空間ですし、地上だけでなく地下にも点在している。時間経過とともに老朽化も進行しています。駅特有のさまざまな制約がある中で、「技術の融合」や「心の融合」を軸にしたリノベーションに対する結集力がますます重要になってくるでしょう。

A：その点でいうと、「技術の融合」、「心の融合」に加えてもうひとつの融合、社会的な決まりや枠組みをつくっていく場、つまり「行政の融合」も必要になってきます。例えば、駅と街とを分ける「建築線」という行政上の境界線があります。よく、雨が降る中、駅前でタクシーに乗ろうする時、駅の庇があって、その先のタクシー乗場に庇があって、しかし、途中に庇がないために雨に濡れてしまうといったことがあります。庇が連続していないのです。これは、その部分を「建築線」で区分けしてしまっているからなのです。また、道路の上下空間についても非常に厳しい制限があります。道路の上下も道路だからということからの規制です。しかし、これについては、意欲をもって手続きを進めていけば解決の道はあります。例えば、上野駅の駅前広場から公園口まで線路上空に架けられた自由通路。あれは計画道路になっていて、従来からすると画期的なことですし、大阪でビルの中を高速道路が貫通している有名な例などもそうです。現在建設中の常磐新線でも「ハイブリッド手法」という日本では画期的ともいえる高架駅のつくり方が採用されています。線路を支える部分の剛性の高い土木構築物の部分とそれ以外の柔軟な建築物の部分とを明確化して駅のデザインに自由度をもたせようとする考え方です。いずれも、必要にせまられてでてきたアイディアだったのですが、そういった意味でも、「行政の融合」による柔軟な対応も着実にでてきています。リノベーションという既存の駅を更新していく作業では、制度や規制も含めて、まず行政に柔軟になってもらい、鉄道事業者や設計者も柔軟な姿勢で総合的にものを捉えていけば、さまざまな展開が可能になっていくと思います。今まで、駅と街はそれぞれ「運輸省」と「建設省」の管轄でしたが、「国土交通省」としてひとつになりました。国レベルだけではなく、地方レベルでも融合はあります。海外の事例もあります。体制だけではなく実質的な部分でこれからまさに「行政の融合」が推進されていくことに期待をしています。

聞き手＝松口龍

2A-2
「ハイブリッド」という新たなコラボレーション手法
――常磐新線高架下駅での実践

インタビュー

安藤恵一郎
株式会社交建設計 専務／元 日本鉄道建設公団 設備部長
1970年日本国有鉄道（当時）入社、1987年（財）鉄道総合技術研究所、1993年日本鉄道建設公団を経て、2002年より現職。

Q：日本の駅空間における、建設システムや体制についてお聞かせ下さい。

A：日本では、もともと鉄道を建設する際に駅舎建築という意識は希薄なところからスタートしてきたと思います。狭い国土に起伏のある地形、地震への対応などもあって鉄道建設は、まずは列車を走らせるということから始まって、土木技術に負うところが大きかったといえます。したがって、日本の鉄道技術というのは歴史的にも土木がリードしてきたわけでして、土木学会の中でも「鉄道」という分野は確固とした地位を占めています。ですから、鉄道建設にあたっては、「鉄道のどこまでを土木がつくる」、「鉄道のどこからは建築がつくる」といった厳然とした境界線が土木のサイドから決まっていたのです。簡単にいうと、列車が走って停車するホームまでは土木がつくるので、建築はそこに雨風がしのげるものを載せてくれればいい、という状況が随分長い間続いてきました。一方、ヨーロッパの場合ですと、駅は都市の中心部にはなくてその周辺に頭端駅、つまり終着駅の形で建設されてきました。そこでは、都市に面して顔になる駅のエントランスやコンコースといったデザインは建築家が設計して、その後ろに広がるホームを覆っている鉄とガラスの大空間は主に土木エンジニアが設計するといった双方の共同作業として駅空間ができ上がってきたといえます。

鉄道というのは列車が走行するために「常に動いて」いますから、そこでは「保守」ということが非常に重要な問題になってきます。そして、その「保守」を誰が行い、もし何か事故やトラブルがあった場合に誰が責任をとるのかといった境界を明確にすることが、建設する際の土木と建築の区分境界と密接に関係しているわけです。そのため線路と密接に関係しているホーム部分までは土木がつくるという区分が続いてきたのです。

Q：そのような駅建設に関するさまざまな事情や体制の中で、土木と建築の新しいコラボレーションのあり方を提案されて実現に向けて進行中とのことですが。

A：これは、私が日本鉄道建設公団に在職中の話ですが、2005年度に開業が予定されている常磐新線「つくばエクスプレス」に設置される20駅の内5駅の高架駅で実現することになる手法で、土木と建築の融合という意味で「ハイブリッド高架下駅」と呼んでいます（fig.1）。当時これを提案したのは、従来のような計画区分に従って高架状の駅を土木構築物としてつくると、空間構成の面でも、旅客流動や階段・エスカレータなどの垂直動線のレイアウトなどに対してかなり物理的な制約がでてきてしまうのです。あくまでも線路構造物として駅全体をつくりますので、建築的にはいろいろな面で好ましいとは言えません。そこで、中央に線路が、その両側にホームが設置されるいわゆる2面2線の相対式の高架下駅の場合に限り、中央の列車荷重を受ける線路部分のみを土木構築物として、その他の部分を建築物として考えたのです。そうすれば、空間のかなりの部分は建築物としての基準で設計できますし、設計の自由度もあがり、また将来の変更にも対応できるフレキシブルな駅空間ができるのではないだろうかと思ったわけです。

私の最初のイメージは、「鳥かごの中に線路が貫通しているような駅」というものでした。鳥かごのように繊細でフレキシブルな空間の中に線路が入ってくる、そこにホームがくっついてきて、そこから開放的な空間の中を自由に人が上下移動する。ホームの外側には太い柱が無いので地域にも開放的な構成がとれる。通常は駅があって、駅前広場を介して地域とつながるわけですが、この場合であれば駅前広場とも一体化するような駅空間が実現できます。駅が駅前広場をとり込み、駅前広場も駅をとり込むようなことになれば、さまざまな施設を併設する自由度も上がり、新しい形で地域に開かれた駅になるでしょう（fig.2）。線路部分を土木、それ以外のホームを含めた部分を建築、という前例のない形で工事区分を再編し、土木と建築とが新たな共同体制で駅という施設をつくっていくという「ハイブリッド」の手法を採用した駅空間は、日本では最初の事例になると思います。

しかし、実際には、計画を進めていく中で課題もでてきました。最大のものは、用地境界の問題です。線路幅が決まり、ホームの幅も想定流動人数から決まってきます。工事費削減のために必要最小限の寸法の中で構造物の幅が決められ、そのラインで駅空間の用地が確保されてしまいます。そうなると、建築的に垂直動線や屋根や床を用地を越えて展開していくことができませんので、駅前広場などをとり込んだ形のデザインの実現は難しくなります。「地域に開かれた駅」を実現するには最良の方法だと思って進めたのですが、この辺については、行政や自治体、地域住民などとの相互理解や共同作業が今後のテーマとして残っていると考えています。

聞き手＝松口龍

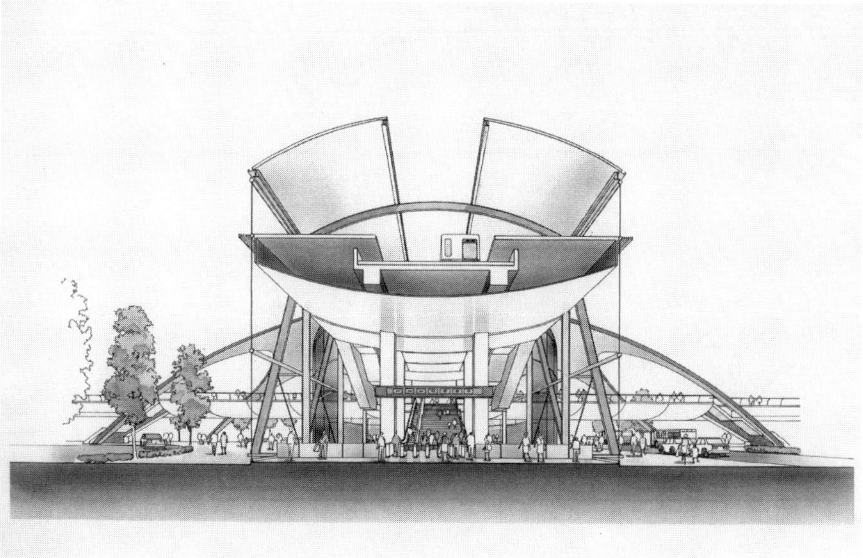

fig. 1
ハイブリッド高架下駅の断面構成のイメージ：線路と電車荷重のみを土木構造物で受ける

fig. 2
地域に開かれた高架下駅のイメージ：駅と駅前広場が一体化していく

2B 状況に対応するリノベーション事例

2B-1

空間自体をサイン化するトータルデザイン
——京王新宿駅のシンプルリノベーション

一日の平均乗降客数が約70万人という京王線最大のターミナル駅である新宿駅は、1路線の終点駅というだけではなく複数路線への乗換駅、そして百貨店が併設されたステーションデパートでもあり、都市生活における重要な交通拠点駅としての役割を果たし続けてきた。もともと地平駅であった新宿駅は、1964年に駅上部に京王百貨店が併設された地下駅として大改造され、その後は大規模な改良はなされないままであった。

21世紀に入り、1964年の地下駅竣工以来はじめて行われた大規模なリノベーション事業はアイディアコンペの開催からはじまり、複数案の中から実施案が選定され、実施に移された。初期のアイディアがしっかりと踏襲されながら実現化へと至ったこの新宿駅の再生プロジェクトは、鉄道事業者と設計者との信頼関係と、コーディネータの存在によって、トータリティの高いシンプルで明快な形で実現に至った。

インタビュー

京王電鉄株式会社
久保田金太郎
工務部、次長

株式会社交建設計
星野洋介
建築設計本部、部長

既存空間の評価と積極的な活用

Q：近年、既存駅の老朽化や機能更新にともなう駅のリノベーションが頻繁に行われています。その多くは、駅空間を積極的に多角活用していこうとするもので、改修前に比べて改修後では、駅空間はさまざまな施設との複合化が実現されています。一方、京王新宿駅のリノベーションは、新たな施設を積極的に複合するのではなく、駅の「駅としての」機能を見直し、再編し、乗降客へのアメニティ向上を図るという点に照準が絞られ、それが非常にシンプルで快適な形で実現化しているという印象を受けます。まず、このようなリノベーションが実現した経緯を鉄道事業者サイドの立場からお聞かせ下さい。

久保田（以下、K）：新宿駅の駅空間が全体的に古臭くなってきているから少しずつでもいいから改修をしていこうというのが最初のきっかけです。竣工してから40年近くの間、部分的な改修は行ってきましたが、インテリア環境の全面的な改修という点では、まったくといっていいほど手をつけてこなかったのです。この40年の間に、利用客数も大きく増加していますし、機能的にもいろいろな問題を抱えていました。そこで、どうせやるなら「少しずつ」ではなく、「全面的に」リニューアルしようじゃないかということになったわけです（fig.1、2、3）。

まず、全体としてどういうイメージにしていくのが望ましいのかと思案しまして、アイディアコンペの形式で案を募りました。工期や予算などの関係もあって、既存の構造躯体に手をつけずに、インテリア環境を刷新しようというスタンスを基本的に

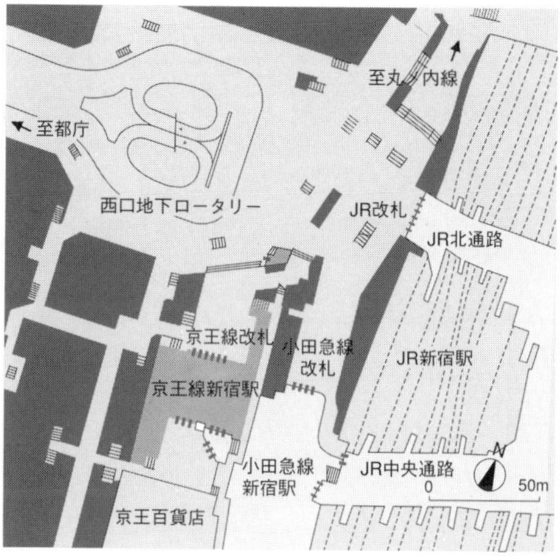

fig.1
新宿西口地下空間と京王新宿駅の関係

fig.2
改修前の京王新宿駅のラチ外コンコース

fig.3
再生されたラチ外コンコース

はとりました。鉄道事業者から設計者へは、「駅空間を駅としてもっと使いやすいものに」、「空間のイメージが一変するようなものに」といった要請をしました。40年前の駅のコンセプトと、今求められているものとは、当然大きな隔たりがありますし、やはりイメージづくりの初期段階から設計者にも参加してもらい、積極的に提案してもらうことの方が、事業者サイドでイメージをつくってしまってから、設計者にデザインを依頼することよりも、トータリティといった観点からもはるかに望ましいのではないかと考えたわけです。

Q：リノベーションの場合、新築とは異なり、既存の空間が計画に先だって存在しています。新宿駅の場合、例えば、もともとの改札レベルの天井高がゆったりあるとか、上部に百貨店が積層されたいわゆるステーションデパートであるとか……。新宿駅のリノベーションに関して、設計者として既存の駅空間の評価はどのようなものでしたか。

星野（以下、H）：基本的には、40年近く前から使われてきた駅空間自体が非常にリノベーションにとって魅力的だったと思います。ひとつは、改札口フロアの4.5メートルの天井高さによる空間のヴォリュームの大きさ。これが3メートル程度であったら、デザインはかなり限定されたものになるでしょう。もうひとつは、方向性のある明快な旅客動線。天井高さを利用した部分的なメザニンフロア（中2階）やホームへと誘導するX形状の階段（以下、X階段）などといった空間の装置も含め、基本的な駅としての空間の条件が備わっていたということが非常に大きかったと思います。既存の空間の中で、何を生かしてそれを上手に活用してデザインに取り込んでいくかといった点からも、素材として非常に魅力的な駅であったといえます（fig. 4、5、6）。

Q：具体的にはどのような方針でデザインを進めたのですか。

H：基本的には、改修前のように旅客動線をサインやインフォメーションに過度にたよるのではなく、駅自体のトータルな空間デザインによって表現できないだろうかということがありました。駅空間の現況を調査し、さまざまなアングルから写真を撮ってみると、その写真の中でサインやインフォメーションが占める割合が非常に多く、じつに多種類の情報が散りばめられているのです。それが良いとか悪いとかということではなく、長い時間を経て、変化し、追加される情報に関する多くの必要性に対して、その都度、新たな情報案内を付加してきたのです。その結果、案内サインやインフォメーションが錯綜し重層した空間になってしまっている（fig.7）。そこで、このような状況を一度整理してみようという中からでてきたアイディアが、空間全体の構成によってスムーズな旅客流動に対応するようなデザインにしてはというもので、これが計画の発端になったのです。

旅客の流動空間をどのように整えるかを

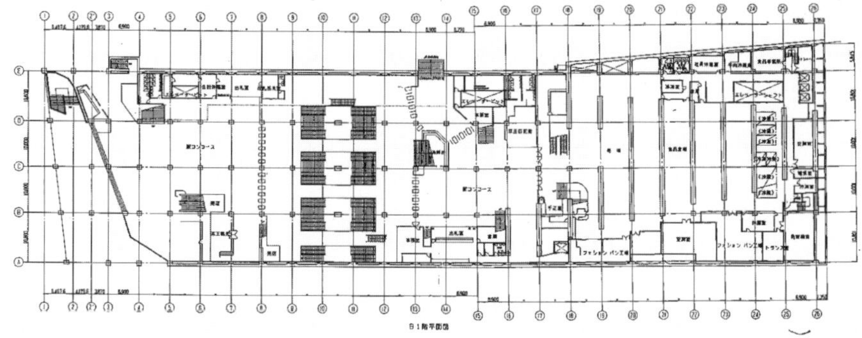

fig.4
改修前の地下1階改札口レベルの平面図

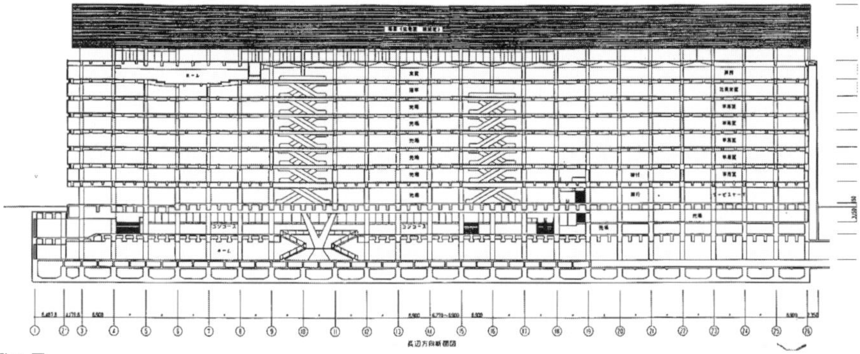

fig.5
改修前の主要断面図：地下2階にホーム、地下1階に改札口、地上には京王百貨店が積層されたいわゆる「ステーションデパート」の大規模複合施設になっている

fig.6
改修前のX階段

fig.7
改修前の錯綜するサインとインフォメーション

考える場合、人の動線を注意深くみる必要があります。切符を買ってから、改札を通過し、目的のホームを確認し、垂直移動し、ホームに辿りつく。もちろん逆もあります。この流れの中で、スムーズな流動のためのポイントになるような部分を見つけていく。空間のデザインと全体のサイン環境を一緒に考えないといけないわけです。どのように駅空間のさまざまな要素を整理するか、そしてどのようにサイン性を空間自体の構成によって表現するかといった2点が大きなテーマだったのです。また、駅の改良に際しては、移動円滑化促進に関する法律である「交通バリアフリー法」への対応が必要にもなります。新宿駅の場合は、すでにエレベータの設置などの装置としてのバリアフリーは整備されていました。バリアフリーというのは、そもそも身体障害者だけのためのものではありません。健常者も含め、あらゆる人に対して使いやすい、親切なものであることが基本的な考え方ですから、駅空間を分かりやすく、使いやすくするために、空間自体の再構成によってサイン性をもたせていくということは、ひろい意味での「包括的なバリアフリー」につながるのではないかと考えました。

このようなことをベースに、新宿駅リノベーションのデザインコンセプトを、「サイン性をもつ空間」、「方向性と視認性をもつ空間」、そして「バリアフリーを考慮した駅空間へ」の3つに集約しました。

空間をふたつに分ける

Q：この3つのコンセプトを、どのような形でトータルなデザインに展開していったのですか。

H：京王新宿駅には、新宿西口広場からつづく「西口」改札口とJRとの連絡口がある「百貨店口」改札口とが対面して2カ所設置されています。改修前に現地で感じたのは、西口広場から京王新宿駅の「西口」の方を見ると、そのずっと奥にある反対側の「百貨店口」まで視線が抜けてしまっている。地下空間なので余計なのかもしれませんが、アイストップになるような駅としての目標物が捉えづらいということでした。もうひとつは、ラチ内からホームまでの垂直動線であるX階段によって方向感覚が曖昧になることです。ホームから階段を上がり、2カ所の改札口へと人を誘導する上で、このX階段は人を振り分けるという機能的な面に加え、演出としてもかつては効果的だったと思うのですが、設計当時と現在とでは旅客人数も違いますし、大量の流動旅客をX階段によって2カ所の改札口へと上手に誘導する点で再考の必要があると感じたのです。

そこで、私たちは「空間をふたつに分ける」という提案をしました。4.5メートルという天井の高さを利用して、ラチ内コンコースのある部分の天井をあえて思いきって2メートル下げ、その部分をアイストップにもなるようにし、ここを駅全体の中心的な位置づけにしてふたつの改札口である「西口」、「百貨店口」との旅客流動性をスムーズにしようというものです（fig.8、9、10）。

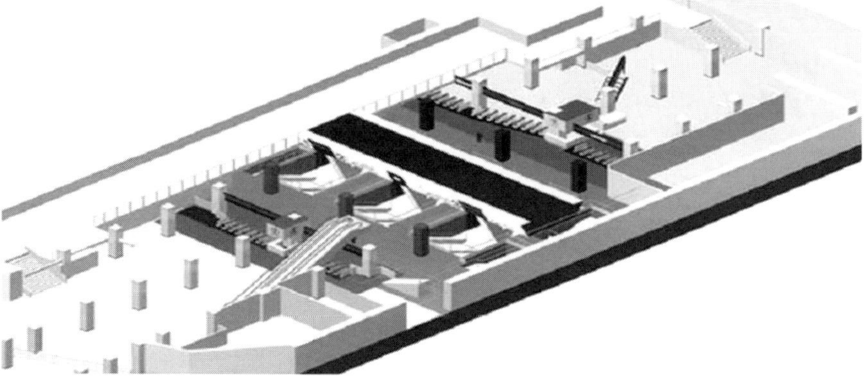

fig.8
提案時の駅再生計画のアイソメトリック

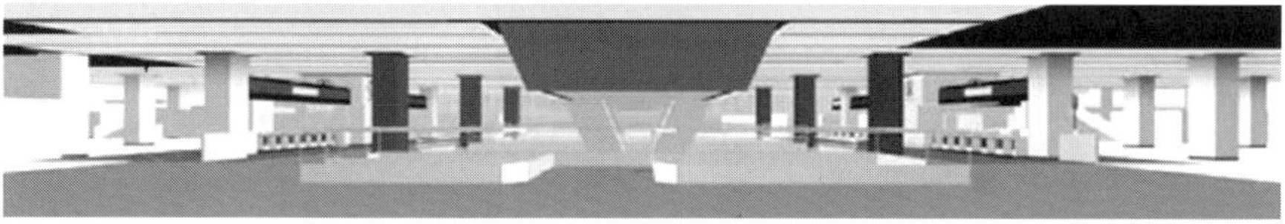

fig.9
提案時の内観パース

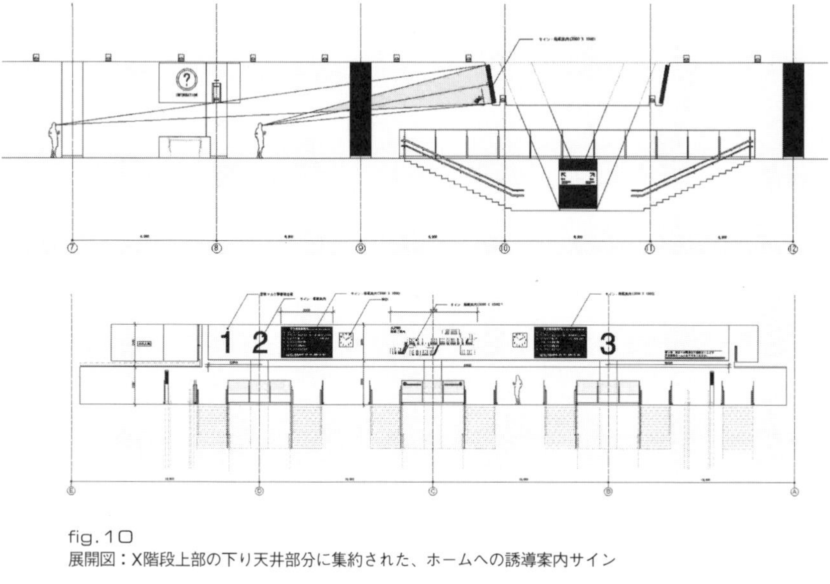

fig.10
展開図：X階段上部の下り天井部分に集約された、ホームへの誘導案内サイン

このような基本的な構成をベースに、空間と一体化したサイン計画を行っています。改修前のサイン環境ではサインとインフォメーションがゴチャゴチャになっていました。本来、サインというのは瞬時にそれだと判断できるような視覚伝達手段というのが前提なのですが、実際には文字情報が混在して、「こちらに行けば何がある」というような類のインフォメーションになってしまっていたのです。それを整理し、ふたつに分けた空間構成と対応する形で2色のカラーリングによって全体のサイン環境を展開しました。たまたま京王電鉄のシンボルカラーが赤と青の2色だったので、赤を「西口」、青を「百貨店口」に対応させました。赤と青のサイン環境の分岐点になるのは、下り天井の部分、つまりホームへと至るX階段部分のエリアです。従来、ホームから階段を利用する旅客は中間の踊り場部分で2方向の選択のためにインフォメーションを確認する際に滞留が起こっていたんです。そこで、この踊り場にきた時点で、色によって瞬時にどちらに行くかを判断できるようにしています。インフォメーションだけでなく、ラチ内コンコースの柱を2色でカラーリングするなどして、サイン効果を高めました。また、新宿駅の場合、京王線の他に複数の路線が乗り入れていて、その中で「他の駅との差別化」を図ることが大切だと思いまして、その意味でも非常にシンプルではありますが、インパクトの大きい、分かりやすい駅空間になったと思います（fig.11、12、13、14、15）。

K：赤と青の2色で全体の空間をふたつに分けて展開することになったのにはもうひとつ理由がありました。この駅は地理的には新宿西口に位置しています。「西口」も「百貨店口」もどちらも新宿西口なんです。以前、今の「西口」のラチ外には大きなパンダの置き物があった時代がありまして、その当時は「パンダのいる方の改札口を出た所で」といった具合で「待ち合わせ場所」としても利用されていました。今度は、「赤の所で」、「青の所で」といった待ち合わせもできるだろうと考えたわけです。

コーディネータという存在

Q：シンプルかつ明快に空間と駅のもつサイン性が一体化したリノベーションが新宿駅では実現されていると思います。駅のサインというものは、非常に付加的で、時間を経てドンドン足し算されてくる。いろいろな形や色のサインが所狭しと設置されてくる。そういった中で、サインを思いきって整理し、赤と青という色分けと空間構成の中で再編集するという計画。メリハリのあるサイン環境計画によって、流動性の高い駅空間にあって、視認性や定位感覚の確保にも成功していて、非常に興味深いリノベーションであると思います。

H：サイン環境に関してどこまでコントロールして計画していくかという問題には、鉄道事業者サイドはかなりの抵抗感があるようです。新宿駅でこのような計画が実現できたのは、京王サイドにコーディネータの存在があったことが大きいと思いま

fig.11
ラチ外コンコース：天井照明のストライプによって、既存空間のもつ旅客動線の明快な方向性をさらに強調している

fig.12
ラチ内コンコース：「空間をふたつに分ける」下り天井部分に効果的に集約された案内サイン

fig.13
存在感をアピールするX階段

fig.14
X階段の見下ろし：シンプルな案内サインによってX階段部分におけるスムーズな流動性が実現されている

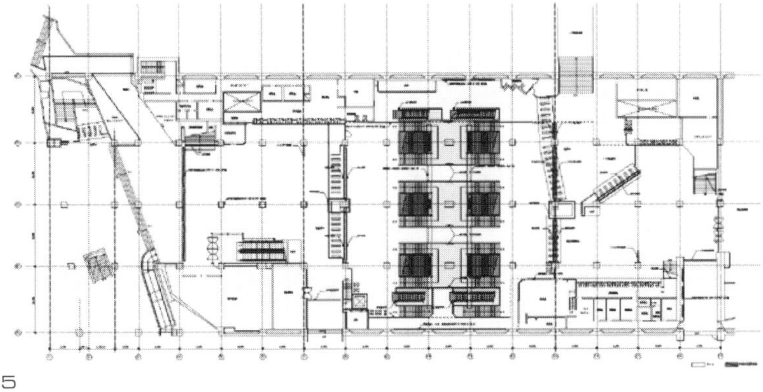

fig.15
改修後の京王新宿駅地下1階（改札口レベル）平面図

す。

実際、サイン環境をトータルにコントロールできたことで、サインの数は以前の半分になりました。そのサインに2色の彩りを与え、その2色が空間全体の構成へと展開される。「サインが半分になって、かつ流動がスムーズになる」ということです。また、少ないサインを効果的なものにするために、広告看板類のレイアウトについてもコントロールしています。必要な広告看板を全面的に整理し直し、その上でサインの数、形状、位置を固定し、建築化しています。

K：京王新宿駅の場合、今まで他社路線も含めた新路線の乗り入れやそれに伴う連絡経路などの新設が何度も繰り返されてきました。その度に、案内サインを追加してきたわけです。しかし、ここにきてようやく安定してきた、大規模拠点駅の鉄道網としては成熟段階にきたのではという考えもあって、このようなサイン環境の整理ができたということもあります。

Q：駅の広告看板というのは、ドンドン増殖していくものだというイメージがありますが。

K：通常、このような改修工事を行うと、広告看板の面積を増やす方向にいくものですが、「新宿駅の広告看板量は改修前と同じ程度に維持しよう」といった会社サイドの考え方があったことが大きいと思います。

Q：サインやインフォメーションを効果的に集約化し、建築化することによって駅のイメージが一変しています。また、それを補完するように、有人による案内サービススポットともいえる、いわゆる「コンシェルジュ」が改札口まわりに設置されていて、ずいぶん利用されているようですが。

H：改札が自動無人化し、バリアフリーによる移動の円滑化が進み、一方、サインやインフォメーションを集約化していく。駅員と旅客の接触機会がドンドン少なくなっていく中で、このような有人の応対サービスはとても大切です。また、サインを集約化して効果的に整備できたとしても、現実には設計者が思うようには上手くいかないのが通常です。それらをフォローする意味でも、この有人によるインフォメーション機能はとても重要な役目を担っていると思います（fig.16)。

Q：京王新宿駅のリノベーションは、鉄道事業者サイドのプロジェクト・コーディネータ的な存在の重要さと設計者とのコラボレーションのあり方について示唆的なケースだと思います。プロジェクトとして成功した秘訣のようなものは何だったのでしょうか。

K：やはり、アイディアコンペで選定した設計案を最後まで設計変更しなかったことが大きいと思います。通常は、必ず途中でいろいろな所から「ああしろ、こうしろ」という意見がでてきて、設計変更を繰り返すことになるのですが。実は、関係者同士の中でも、設計案に対するイメージが少しずつズレているといったこともあったのです。しかし、最初の段階で「この設計案で行こう」と決めたことですし、ここで部分的に設計変更に対応しはじめてしまうと、次々におかしな部分が連鎖的に発生してきてしまうから、初期の設計案を最後まで踏襲するのだ、というスタンスをもち続けたことが秘訣だったのではないでしょうか。

聞き手＝松口龍

fig.16
改札中央部分にレイアウトされているコンシェルジュ

2B-2

地下駅ならではのリノベーション事情
——連絡接続、流動改善、そして地上との接点

都営地下鉄が最初に開通したのは、1960年の浅草線の浅草橋から押上間である。その後、人口集中する東京の都市状況に呼応する形で、浅草線の延伸をはじめ、三田線、新宿線の開通と路線を拡大し、2000年にはそれらを環状に連絡する大江戸線が開通したことにより、都営地下鉄相互の交通ネットワークが一気に充実した。4路線の駅拠点数の合計は106駅、その内98駅は地下駅という地下空間移動交通網である。ネットワーク化するにともなって、相互連絡によるアメニティ向上のための地下改造工事も発生してくる。そこには、駅が地下であること、駅の多くが道路下空間にあることなどの特殊条件からくる地下駅ならではのリノベーション事情がある。

インタビュー

東京都交通局

荒川達夫
建設工務部、建築課長

榴尾恒次
建設工務部、保線課長

地下駅連絡接続の現実

Q：都営大江戸線の開業によって新たな環状ルートが実現し、都市生活にとってさらに充実した鉄道交通ネットワークが形成されてきました。それによって、既存の地下鉄駅といくつかのポイントで合流し、連絡駅として機能するための改造が行われています。既存の地下鉄駅に新たな地下鉄駅が連絡することで発生するリノベーションは、いずれも地下空間であるためさまざまな制約があると思います。その辺りについて、具体例をもとにお聞かせ下さい。

A：例えば、春日駅。ここには、もともと都営三田線の春日駅がありました。都営大江戸線の春日駅は三田線と平面的にはL字型に直交する形で、断面的には三田線よりさらに深い所に新設されています。三田線の線路は地下約14.5メートルのレベルに、大江戸線の線路は地下約22.2メートルのレベルに位置しています。そして、線路レベルで8メートル近くのギャップのあるふたつの駅を連絡通路で接続させたわけです（fig.1、2）。接続部分は構造的にいうと、三田線の構造物に穴をあけて、その下に新たな構造物をつくり足すことによって構造物自体の空間を大きくして、そこに連絡通路の動線をつくっています。地下の構造物は土圧による応力がかかるので、一部を変更することによって全体の応力の状態が変わってきてしまう。そのため、単純に増築するのではなく、全体として新たな応力バランスがとれるように構造物をつくっています（fig.3）。

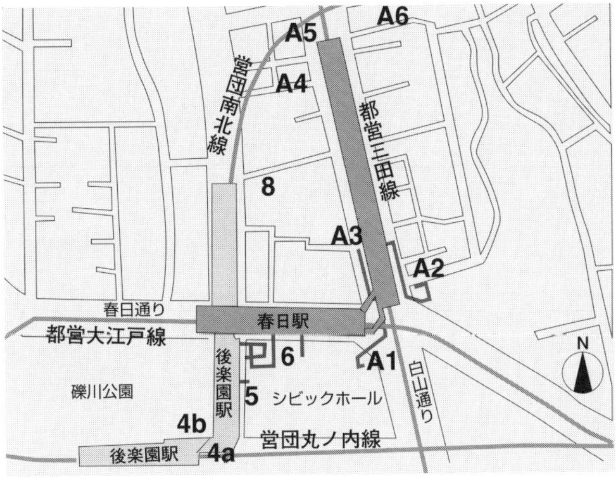

fig. 1
春日駅の複数路線の位置関係

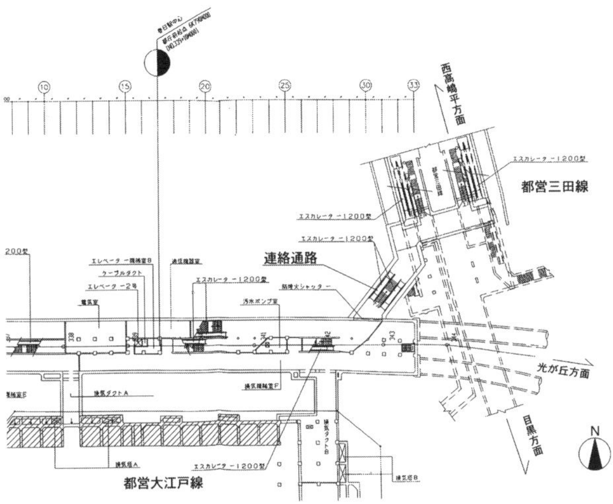

fig. 2
三田線と大江戸線の接続部分平面

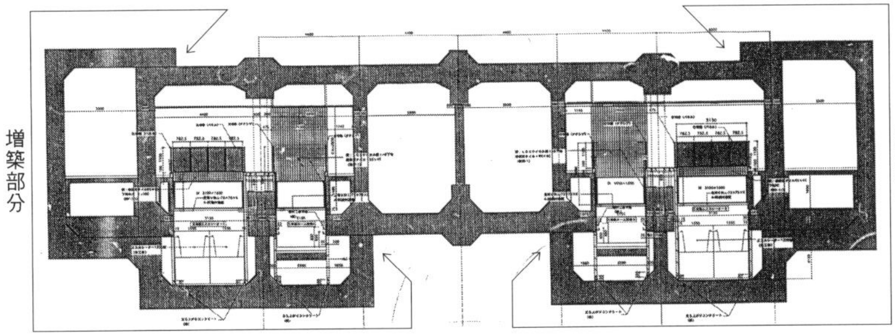

fig. 3
既存の地下構造物の増築：既存構造物の両端に、新たな構造物を加え、一体化させることによって、応力バランスの変化に全体で対応している

地下駅のリノベーションは多くの場合、道路下空間の工事になります。さらに、既存駅の営業に支障なく行わなければなりません。春日駅は白山通りの下に三田線の春日駅、春日通りの下に大江戸線の春日駅があります。工事に際しては、道路と民地の境界線ギリギリの所に杭を打つわけで、当然、周辺近隣への配慮や通行に支障をきたさないようにするなどの必要もありますから、土木工事は深夜に行われることが多くなります。また、地下への資材の搬入経路が限られてくること、それに連動してどのような工事工程を組むかなどが大切なポイントになってくるわけです。春日駅では、既存のA3出入口を閉鎖しました。いったん閉鎖し、その部分を壊さないと、作業が先に進めない状況だったのです。ちょうどその部分は2つの路線をつなぐ連絡通路を新設する場所であったので、その工事の後で、A3出入口を再築しました（fig.4、5)。

やはり、地下駅リノベーションの場合、「すでにそこに土が存在している」ということが特殊な状況をつくっていると言えます。そこに、穴をあけるという作業が発生しますし、道路空間という制約もある。地下にはさまざまな埋設物もあります。さらに、鉄道駅の工事の場合には、建築、土木、設備、細分化されている電気などさまざまな工事が入り組んで進行していきます。しかも、地下駅で、かつ既存の地下駅と接続しないといけない。地下への資材の搬入も限定されてくる。そういった状況もあり、各工事同士のせめぎ合いの中での相互調整が非常に難しいことになるのです。

Q：既存の地下駅に新たな地下駅を接続していく場合、地上とは異なるアメニティへの配慮などはありますか。

A：春日駅の場合、外光の入らない地下空間で、床レベルの異なるふたつの駅の間を連絡通路で移動していくわけです。特に気にしているのは、通路の幅員と天井の高さ、そして内装仕上の材料や色、照明環境などです。通路幅は通常3メートル以上という内部規定があるのですが、ここでは6メートル確保してアメニティに配慮しています。光環境についても、明るい地上から地下へと移動していくわけですから、人間の目の光の変化に対する反応の特性などにも気を使いながら空間の明るさなどを調整しています（fig.6、7、8)。

流動改善というリノベーション

Q：駅空間、特に乗換駅の空間においては、旅客動線が錯綜するため、どのようにしてスムーズな流動性を確保するかが重要なテーマとなってきます。駅周辺の状況の変化や既存駅への新線の連絡などによって、駅が計画された当初とは乗降客数が変化し、既存の施設では旅客の流動性の確保に不具合が生じているケースがあると思いますが、そういった状況に対応するための改良工事についてお聞かせ下さい。

A：通常、駅を新築する場合は、乗降客数を予想し、周辺施設や周辺道路の状況などを踏まえて、旅客の流動性を確保できるように改札やホーム、垂直動線の数や寸法を

fig.4
工事のために解体され、再築されたA3出入口

fig.5
A3出入口へと至る垂直動線

fig.6
幅員をゆったり確保した連絡通路

fig.7
変化する床レベルをつなぐ垂直動線

fig.8
地下空間にリズムを与える連絡通路の天井照明デザイン

決めます。その上で、営業サイドや土木、建築、設備、電気などの各セクションからの要望を総合して、駅務関係室や機械関係室の規模計画を行い、全体のレイアウトへと落とし込んでいきます。しかし、時の経過とともに、さまざまな状況が変化し、乗降客数が当初の想定以上に増加してしまうというケースが発生することがあります。そういった時に、階段やエスカレータ等の改良や駅施設のレイアウト変更などによって、旅客の滞留を解消し、人の流れをスムーズにするために行うのが流動改善工事です。

具体的な例のひとつに三田線神保町駅ホームの流動改善があります。この駅は、三田線（線路レベルは地下17.1メートル）と新宿線（線路レベルは地下10.2メートル）が交差し、営団半蔵門線とも連絡する利用客の多い地下駅です。工事直前の1996年時点での利用客数は、三田線と新宿線とで一日平均約16万9千人、この内約7万1千人が2線間の乗り換えをしていたのです。この数字は当時、大手町の利用者数を上回っていました。

ホームの構造は三田線の場合、同じホームの左右に電車が停車するいわゆる「島式ホーム」、新宿線は中央部に電車が停車し、ホームは別々のいわゆる「相対式ホーム」です。三田線ホームには垂直動線ルートが3カ所あったのですが、これらが集中してレイアウトされていました。そのため、乗換客が集中してしまって滞留がおこってしまう。階段などでホームが狭くなっている場所を大量の乗客が移動するので非常に危険でもある。階段などの部分だけに滞留がおこり、ホーム全体のスペースが有効に活用されていない。このような問題を解決するために、ホーム中央寄りに1カ所エスカレータを増設し、既存のエスカレータや階段を適宜撤去するなどのレイアウト変更を行いました。それによって、部分的に集中して発生していた滞留を分散し、ホーム全体の有効活用、見通しの確保などが実現しました（fig.9、10）。

今後は、高齢社会への対応やバリアフリー化といった観点からも、既存駅の福祉対策、防災対策を考慮した流動改善のニーズは増加していく方向にあると思います。

地下駅と地上の接点
──制約される出入口

Q：地下駅の場合、地上の駅と違って駅の外観が見えません。地下駅では、インテリア空間の連続として私たちは駅を感じているといえます。そういう地下駅にあって唯一地上との接点となるのが出入口だと思います。通常、歩道上の隅にキオスクのように顔を出していたり、建物の1階部分に併設されていたりしますが、この出入口に関する制約のようなものはあるのですか。

A：原則として、出入口は民間の土地に設置することになっています。したがって、鉄道事業者が土地を買収して出入口を建設するか、民間の土地のオーナーと交渉して合築という形で建設するかのいずれかなのです。出入口そのものは都市計画決定されるものではないので、駅を計画していく段

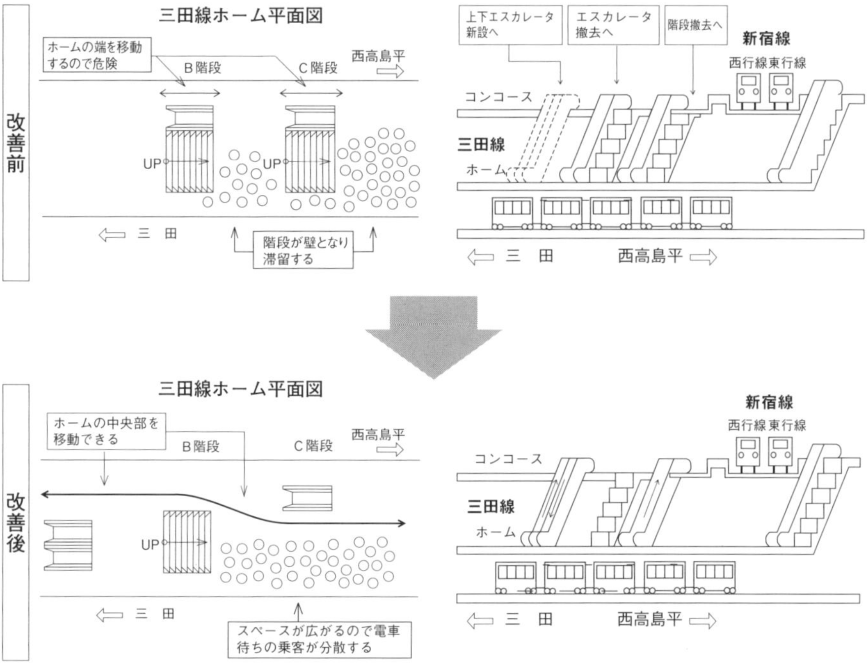

fig.9
流動改善前後での動線配置と旅客流動の状況

fig.10
流動改善によって通路スペースとなったエスカレータ脇の元階段部分

階で周辺状況などを考慮しながら空き地などの土地や新築予定建物などを探し、折衝しながら進めていくわけです（fig.11）。しかし、どうしても適当な土地が見つからない場合には、道路管理者と交渉して、道路上の歩道部分につくらせてもらうようにしているのです（fig.12）。その上で、歩道上の出入口には規制があります。基本的には、必要最小限の幅しか認められませんし、出入口を設置した後の歩道の残りの幅員が3.5メートル以上確保できないとダメなのです。出入口階段の有効最小幅は1.5メートルですので、躯体の幅なども考えると、歩道の幅が5.5メートル以上なければいずれにしても出入口は設置できないわけです。よく出入口までの通路がやたらと屈曲していたり、階段の幅が地上近くになると急に狭くなっているケースを見かけますよね（fig.13、14）。あれは、歩道上の制約をクリアするためにでき上がった風景なのです。本当であれば、階段もそのまま同じ幅で地上までまっすぐ通したいところです。しかし、今後は徐々に規制も緩和されていくとは思います。

聞き手＝松口龍

fig.11
建物の前面部分に寄り添う形で配置された春日駅のA2出入口

fig.12
歩道上に配置された春日駅のA3出入口

fig.13
幅が急に狭くなる典型的な地上出入口付近の階段風景

fig.14
屈曲しながら地下駅と地上出入口をつなぐ階段風景

2B-3
路線延伸で新たに拠点化する駅
――3路線接続による湘南台駅の一体化改造

横浜と海老名をつなぐ相模鉄道本線の途中駅、二俣川駅を起点とする相鉄いずみ野線は、横浜市西部と県央部の発展にともなう地域住民にとっての重要な交通インフラとしての機能を担うために、1976年の第一期開通、1990年の第二期開通とその路線を延伸してきた。さらに、第三期延伸事業が1999年に開通し、それによって湘南台地区では、小田急江ノ島線、市営地下鉄1号線に延伸したいずみ野線が合流することになり、新たな交通ネットワークが形成された。3線が乗り入れる湘南台駅では相互が連携しながら地下の拠点駅として大規模な再編が行われ、スムーズな旅客流動とアメニティを実現している。

インタビュー

相模鉄道株式会社

松本康志
運輸事業本部電車部、営業課長

福田豊
運輸事業本部工務部、施設課長

平井憲一郎
運輸事業本部計画部、係長

複数路線一体化によるコラボレーション駅

Q：相鉄いずみ野線延伸プロジェクトの経緯と湘南台駅の特徴についてお聞かせ下さい。

A：まず、1976年に相模鉄道本線の二俣川駅から分岐する形でいずみ野駅までが開通し、沿線の宅地開発と連動した一体的な事業を展開してきました。その後、市街化が進んだこともあり、延伸を図ろうという流れの中で、1990年に一駅分を延伸し、さらに1999年には湘南台まで延伸してきたわけです。特にこの湘南台まで伸ばすという大きな目的は、当初のいずみ野線が相模鉄道本線のいわゆる盲腸線であったこともあって、延伸が進むにつれて単なる一路線の終点というのではなく、小田急線、市営地下鉄線と接続することで交通ネットワークを形成し、路線全体の活性化と沿線価値の向上を目指すということです。今後については、事業採算の面で厳しい現実もありますが、湘南台駅から先への延伸に関して、大きな判断をしていかないといけない状況にあります。

Q：いずみ野線を湘南台まで延伸したことで、湘南台駅は小田急線と市営地下鉄線の2線と接続した形の一体型の駅に大きく変貌しています。湘南台駅は地下駅ですが、各鉄道との位置関係はどのようになっているのですか。

A：まず時間的なプロセスでいうと、もともと小田急線が地上を走り、小田急湘南台駅は線路上空に架けられた橋上駅舎だったのです。そこに、後からいずみ野線と市営地下鉄とが乗り入れてくる一方、既存の駅舎が老朽化しているというので、それならば複数の事業主体が共同して一体的に駅を再編しようではないかというのが大きな流れです。

小田急の線路自体にはほとんど手を加えないということ、しかし既存の橋上駅のスタイルでは地下駅との垂直移動が大変になる。そういったことから、地下1階を3線共通の地下広場と各社の改札口のレベルに計画したのです。地上レベルには小田急の線路とプラットホームがあります。旅客はその両側の東口広場と西口広場から地下1階の地下広場にアプローチし、そこから各社の改札に向かうわけです（fig.1、2、3、

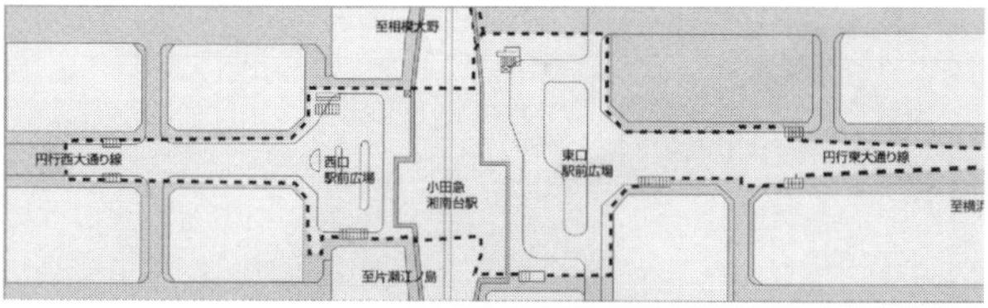

地上レベル

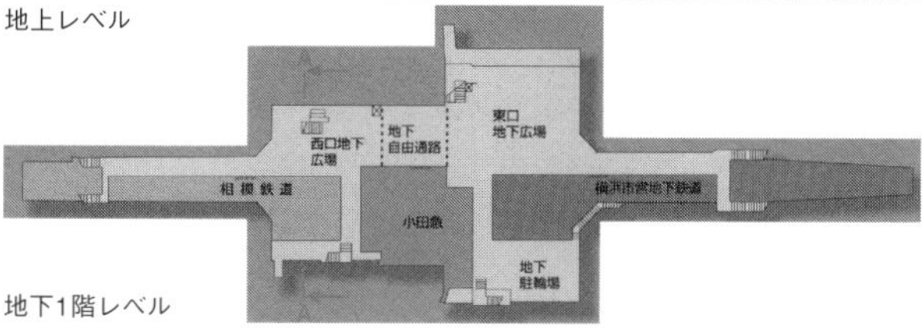

地下1階レベル

fig.1
湘南台駅の地上レベルと地下1階コンコースレベルの施設レイアウト：地上を南北に走る小田急線とそれに直交する形で地下を走るいずみ野線と市営地下鉄の関係

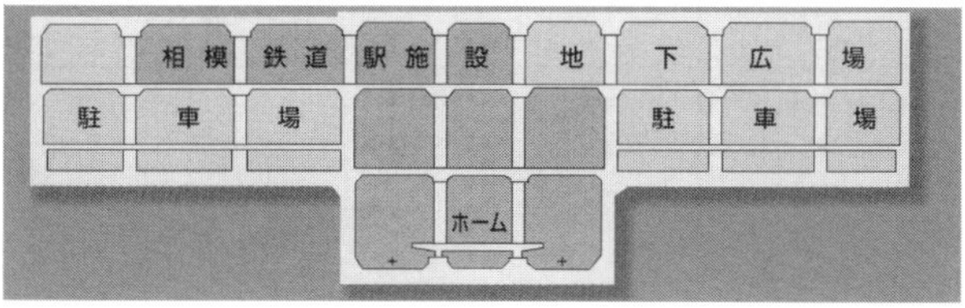

fig.2
いずみ野線湘南台駅部分の主要断面構成

fig.3
西口駅前広場のアイストップとしての駅のファサード：手前に見えるのは、地下1階の地下広場に外光を入れるためのトップライト

fig.4
地上出入口：トップライトによる明るく、ゆったりとした出入口空間から地下1階の改札口へアプローチする

4)。小田急の場合は改札から地上レベルに上がるとホーム、市営地下鉄の場合は改札から階段を下った地下2階レベルにホームがあります。いずみ野線の場合は、改札から2層分下に降りた地下3階レベルがホームです。平面的には、地下2階レベルと地下3階レベルをそれぞれ市営地下鉄の線路といずみ野線の線路が上下に平行して走り、地上の小田急の線路がそれらに直交して走っている関係になっています。

地下3階という深い位置にいずみ野線のホーム階を設定することについてですが、実は湘南台駅の先には引地川がありまして、相鉄にはその川を越えた先まで路線を延長する可能性があります。この先、川の下に線路を通して延伸を考えた場合、許容される線路勾配などから、湘南台駅での線路レベルをなるべく下げていないと延伸事業が成立しなくなってしまう。地下2階レベルからでは河川下をクリアできない。そういうこともあって、湘南台駅ではいずみの線のホームレベルを敢えて深いところに設定したのです（fig.5、6、7）。

Q：湘南台駅は3線乗り入れによって拠点駅としての性格に変貌したわけですが、乗降客数や利用状況の変化についてはいかがですか。

A：乗り入れ前の小田急線の湘南台駅は、一日の乗降客数が大体5、6万人程度でしたが、現在は、8万人といったところと聞いています。その増加分が乗換えをしていると考えられるでしょう。また、以前の湘南台駅には急行が停車しなかったのですが、ホームを十両編成対応のホームに改造するなどして新たに急行の停車駅になったので、利用客が最寄駅を他の駅から湘南台駅

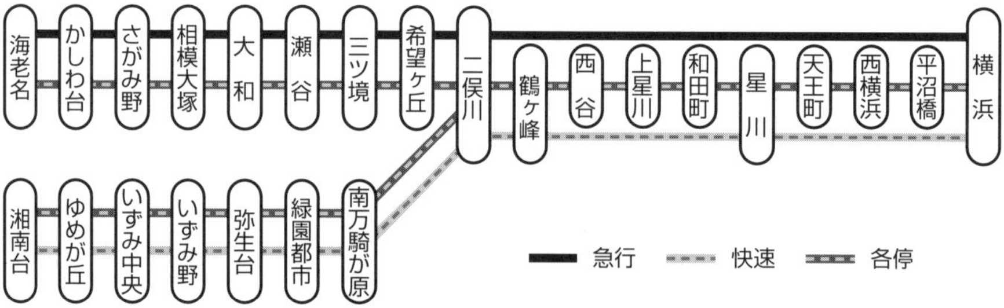

fig.5
相模鉄道本線といずみ野線の路線マップ

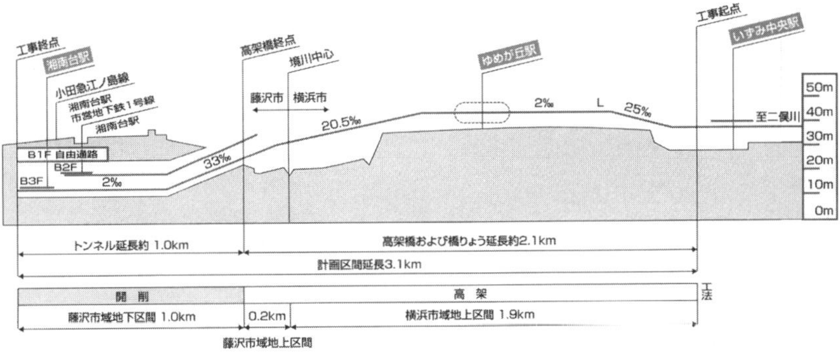

fig.6
湘南台駅の3路線レベルといずみ野線の線路レベルの断面構成

fig.7
湘南台駅手前で地上から地下へと変化していく線路レベル

に変更するということも起こっているようです。駅の大改造によって駅前の開発も進みましたし、今まで途中駅として機能していた駅が地域の拠点駅としての役割を担うようになったと言えます。

地下駅のアメニティ

Q：相鉄湘南台駅は地下3階という3線の中では最も地下深い位置にあるわけですが、地下駅としてのアメニティ向上への配慮などについてお聞かせ下さい。

A：地上で感じる変化のようなものを地下空間にも与えようといった試みをしています。「メディアウォール」というガラス状の壁画面を設置しまして、内蔵されたライティングの変化によって、地下空間に季節感などの変化を感じてもらえるようにしています。駅空間の光環境という点からいいますと、今までは地下空間はなるべく明るくしてなるべく地下であることを感じさせないように、という考え方が主流でした。しかし、最近では、状況が変わってきています。ヨーロッパの駅空間などの影響もあ

fig.8
いずみ野線湘南台駅改札エリアの光環境：天井の照明ラインと奥に設置された「メディアウォール」が地下空間に変化のある光環境をつくり出している

fig.9
地下3階のホームまでの垂直動線：曲面で構成された天井の壁際には間接照明が設置され、陰影を演出している

fig.10
地下3階ホームの光環境：円形の折り上げ天井に設置された間接照明とダウンライト、ホーム突端のライン照明によってメリハリのある光環境をつくり出している

ると思いますが、光が必要な場所とそうでもない場所とで明るさにメリハリをもたせ、全体としてもっと落ち着きのある空間演出をしようといった流れになってきています。もちろん、一方で電気代などの経費削減といった要因とも関連している部分もありますが（fig.8、9、10）。

Q：実際に光環境に関して利用客から「暗い」といったような声はありますか。

A：駅空間の照度については、利用客に落ち着いた雰囲気を提供しようということから決めています。ヨーロッパなどの駅空間をみると、日本に比べて照度を抑えた空間づくりをしている例が大変多いですし、特に「暗い」といった声はないようです。一方で、駅空間の安全性を考慮すると、ホームで乗降客の安全確認をするのにある程度の明るさが必要になってきますので、落ち着いた雰囲気づくりと安全性の確保といった点から全体の照度を考えています。やはり、必要な場所は明るく、それ以外の場所は変化をつけるなどのメリハリや仕上材の色との関係などへの配慮が、空間が明るいとか暗いといった印象に大きく作用すると思います。単純な数字的な照度の問題ではないのだと思います（fig.11、12、13、14）。

fig.11
地下1階の3路線共通地下広場のトップライト

fig.12
光の変化がリズムをつくり出す地下1階のコンコース

fig.13
地下から地上へ

fig.14
地上から地下へ

駅スペースの活用によるサービス展開

Q：湘南台駅における駅機能以外の付加機能併設に関してお聞かせ下さい。

A：現在は宅配便の取次サービスやコンビニエンスストアの併設を展開しています。湘南台駅は道路下の地下空間です。道路下空間のスペースを有効に活用しようとする場合には、道路占用の許可が必要になります。従来は規制がきびしくて、なかなか道路下の有効活用は難しかった。しかし近年は規制緩和の流れの中で、さまざまな活用実例がでてきています。地下空間の空いているスペースを見つけ出して、そこを公益的なサービススポットとして活用する。治安といった点からも、何もない通路空間よりも、運営がしっかりした施設が設置された方が、有人監視的な効果もあって、通行客にとっても安全で便利なスペースになります。

駅を活用して商業的機能を併設する大きな目的のひとつは、利益を上げることです。しかし、むやみに併設すればいいというものではありません。やはり、駅という空間は、利用客にとってはいやでも通過せざるを得ない場所ですから、通過していて少しでも楽しく、喜んでもらえるようなものを用意していくことも重要なサービスだと思います。ですから、利用客に支持されるような施設をしっかりと考えていく必要があります。その点、商業機能の併設だけではなく、行政サービス機能も大切でしょう。例えば、戸籍や住民票の受け取り窓口などもそのひとつです。

これからの高齢社会を考えると、駅に行ったついでに何か別のサービスを受けるというだけではなくて、あえて駅に行ってサービスを受けるといった機能が大事になってくると思います。例えば、駅構内での医療・福祉サービスや年金の更新手続などの行政サービス。日常的に多くの人がやらなくてはならないような手続きなどは、近くの駅に歩いて行ってできてしまう。もちろん地域によって駅がその機能を担うことが適当かどうかはいろいろあると思いますが、今後、重要な検討項目であると思います。

共同事業展開のための トータルシステムの構築へ

Q：駅という施設の分散して点在配置されている点に非常に可能性を感じています。一方で、本当は分散していた方が利用する側にとっては便利だけれども、さまざまな理由から集約配置されている施設というのはたくさんあると思います。このような状況をどのような形で融合させていけるかというところがこれからの大きなテーマである気がしています。その辺りを含め、今後の展開についてお聞かせ下さい。

A：駅という空間は、基本的には何でもやればできる可能性をもっていますが、費用の問題などからそこまではしたくないという民間企業の現実もあります。今後は費用負担をどのように考えていくかが問題になっていくでしょう。駅が多角化していくと当然そこに共通のシステムが必要になってきます。このシステムづくりというのには想像以上の費用がかかります。また、1社の単独でシステムを構築していてもおそらく採算的にも厳しいと思いますし、閉鎖系のシステムで終わってしまい、広がっていきません。この辺をどのような形で他社や行政と連携して多角化事業を展開していくかが大きなテーマでしょう。民間企業の独自性と他社や行政とのネットワークシステムの構築。それを事業主体にとって都合よく効率的なシステムだけではなく、利用者にとっても使いやすくて便利なシステムという観点からトータリティをもってつくっていくことが、駅の多角化展開にとっての重要な部分になると思います。

聞き手＝松口龍

2B-4
地下鉄ネットワークのトータルサポート
——拡張する地下駅のアメニティ向上

東京圏の高密度地下鉄ネットワークの中枢を担う営団地下鉄。1927年の銀座線、浅草〜上野間の開業以来その鉄道網を拡張しつづけ、現在では、銀座線、丸ノ内線、日比谷線、東西線、千代田線、有楽町線、半蔵門線、南北線の8路線、総延長距離177.2キロメートルにも及ぶ地下鉄ネットワークを構築している。一日の乗降客数は8路線合計で約560万人、駅総数は164駅に達し、都心部移動手段として、私たちの日常生活を支える重要な存在になっている。そこには、都市の地下空間に張り巡らされてきた駅のネットワークを効率的に機能させるためのサポートシステムがある。

インタビュー

帝都高速度交通営団

高津登
工務部建築施設課、課長

福田春雄
工務部建築設計課、課長

脱・混雑緩和
——拡張・更新される地下鉄道網

Q：営団地下鉄は銀座線の開業にはじまり、南北線に至るまで、次々に都市交通ネットワークを拡張してきています。その度に、地下空間という制約の中で新線、新駅を建設し、それにともなって連絡通路や地上への経路をつくり、地下駅のアメニティ向上のためのさまざまな機能更新を行っています。時間軸といった観点を中心に、駅機能の更新についてお聞かせ下さい。

A：1927年に浅草〜上野間で開業した銀座線が渋谷まで開通したのが1939年です。戦後、都心部への人口の一極集中が進む中で、新線の建設が急務となり着工したのが、1951年に工事がスタートした丸ノ内線なのです。新線建設というのは、既存線の混雑緩和のためと言っても過言ではありません。丸ノ内線は銀座線の混雑緩和のためであり、また旧国鉄の中央線の混雑緩和でもあったのです。営団の路線地図をみるとお分かり頂けるように、銀座線、丸ノ内線、日比谷線など概ね、一定区間で平行になっている。それは混雑緩和のためにバイパス的に機能しているということなのです。そういう意味では、東西線は中央線や総武線の混雑緩和に対応するためにつくられています。千代田線も同様です（fig. 1）。

Q：既存線の混雑緩和のために新線をつくり、新しい駅ができる。地下空間という制約の中で、既存の状況に新しいものが接続されるわけですから、リノベーション工事に関してさまざまなレベルで難しい問題があると思うのですが。

A：新線の建設に連動して既存線と接続する際に、通路の拡幅や駅のホームの延長工事などが発生してきます。既存線の輸送力増強は、東京への人口集中が当初の予想を大きく上回っていたことによります。例えば、日比谷線の場合、電車の八両編成化に対応するために、全部の駅でホームの延長工事をしましたし、既存路線で改札からホームへ至る過程で混雑が激しくなるところでは、ホームの幅を倍に拡幅するなどの対応も行っています。しかし、拡幅といっても簡単ではありません。営団線の駅はほとんどが地下のトンネル状の空間ですし、道路下に位置しています。また、建設当時には、将来の輸送需要を折り込んではいるものの、地下空間は必要限度の大きさの土木構築物としてつくっていますので、その中でのレイアウト変更には限界があります(fig.2)。既にできてしまっている地下トンネルを拡げる場合も、「道路下には何も

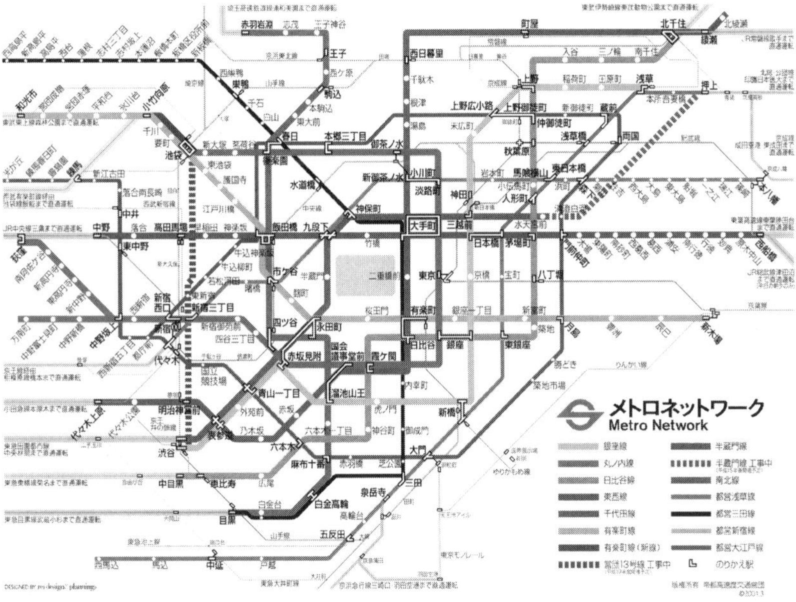

fig.1
営団地下鉄の「メトロネットワーク」(©帝都高速度交通営団、2001年3月)

つくってはいけない」というのが基本ですから、再び道路管理者から道路占用の許可をもらって行います。そうして地下空間を拡げて、通路を拡幅したりするわけです。さらに、1975年に旧運輸省から火災対策設備基準が施行され、排煙設備や消防設備の設置が新たに義務づけられました。それ以前にできた駅については、大規模改良工事の際に対応しなさいということになったわけです。したがって、既存駅を改良する場合には、既存駅を拡幅して設備対応をしないといけないのです。

道路下という限られた空間の中で、旅客流動をスムーズにし、かつ火災対策設備に対応するために地下空間を拡げていくということは容易ではありません。道路幅が狭いからといって道路沿道の民有地の地下を活用するという方策はありますが、現実的には困難を極めると言わざるを得ません。

地下駅バリアフリー化という問題

Q：2000年11月に施行された「交通バリアフリー法」は地平駅、地下駅にかかわらず駅空間における移動円滑化促進を義務付けるものですが、既存の地下駅という大きな制約の中でのバリアフリー対応についてお聞かせ下さい。

A：バリアフリーに関しては、法律化されたわけですから対応しなくてはいけないことですし、利用するお客様へのサービス向上や事業者のステータス向上のためにもやらなくてはいけないことです。しかし、地下鉄の場合、土木工事費がついてまわるという問題があります。何といっても地下の土木構築物をいじらなければエレベータもエスカレータも設置できませんから。場合によっては道路下を掘削して拡幅しなければなりません。拡幅しないでエスカレータを設置できるという駅は多くはありません。ですから、この場合も再び道路占用許可をとって、新たに掘削工事をしなくてはならないわけです。

Q：それに加えて、地下駅から地上へのルートの確保も難しい問題だと思います。地下から地上へのエレベータなどの垂直動線が道路の真中に出てくるわけにはいきませんし、歩道の状況もケースバイケースでしょうし。その辺りについてはいかがですか。

A：ご指摘のように、歩道に出せるのならそれが一番いいわけです。しかし、歩道も道路の一部なので「何もつくってはいけない」というのが原則ですから、やはり道路占用許可を頂くために、少しずつ理解して頂きながら進めていますが、ケースとしてはまだ少ないですね。営団地下鉄では、現在のところはホーム階から改札階までのバリアフリー化は進めていますが、改札階から地上までのルートのバリアフリー化というのは極めて少ない状況です。もちろん、今後は増えていくとは思いますけれども、現状では、駅に隣接するビルの所有者と協議しながら、例えばホームから改札までのルートと、改札からそのビルを通じて地上に出るまでのルートとをひとつのルートとして成立するようにしています。そのビル

fig.2
駅空間のスケール

柱が林立するホーム

ホームドアが設置されたホーム

エスカレータ

階段

地上出入口への屈曲した階段

改札口周辺

を使用させてもらうにも、いろいろなケースがあります。賃借方式であったり、イニシャルコストは営団で負担し、ランニングコストを建物の所有者に負担してもらうといった方式などです。また、ビル側にも、バリアフリーを取り込んだ場合には建物の容積率緩和の適用などがありますし、ビルから地下駅へ直接アプローチできるなどのメリットもあることなどからご協力頂いています。

Q：先ほどの工事の話に戻りますが、地下を掘削するためには、その土をいったんどこかにプールしないといけませんし、作業スペースや機材の搬入ルートを確保し、かつ営業を続けながら工事を進めていかないといけない。地下空間であること、しかも道路下空間であることといった大きな制約の中でのバリアフリー対応となりますね。

A：しかし、「そういった制約があるので、営団では対応できません」というわけにはいきませんので、こつこつながらも積極的にやっていくということです。そのため、社内に20数名で構成された「垂直移動設備整備プロジェクトチーム」という組織をつくりました。このチームは、垂直移動設備設置に向けた調整と推進を一元化するため、土木・建築・電気・駅部門から結集された「特命部隊」でして、営団全線164駅のバリアフリー化に取り組んでいます。

Q：バリアフリー化が義務付けられる対象駅は、一日の乗降客数が5,000人以上ということですが。

A：営団の場合、どの駅も5,000人以上のお客様に利用頂いていますので、全部の駅が対象になります。法律では、2010年までがバリアフリー化の期限になっていまして、期限内に全駅で設置が完了できるよう懸命に取り組んでいます。しかし、地下駅という制約が大きな障害になっていることも事実です。土木構築物の改良を伴いますので、莫大な投資が必要になります。また、壊したものをまた元に戻さなくてはいけませんから時間も必要です。既存の駅の中で機能している駅施設を生かしながら、さらにお客様の流動を妨げないように工事をしなければなりません。例えば、エレベータを設置するために改札を違う場所に移設したり、インフォメーションカウンターを移設したりしなければならないことが多くあります。そういうことを繰り返しながらやっています。その辺りが地下駅の場合の難しいところだと思います。

メンテナンスを前提にした仕上材料選び

Q：時間軸の中で駅空間を考えた場合、メンテナンスが重要な側面になってくると思います。建設時のメンテナンスへの配慮やランニング時のメンテナンス対応などについて仕上材料の選定の観点からお聞かせ下さい。

A：大雑把にいうと、多種多様な材料を使用しない、できるだけ共通化・統一化するということが基本になります。補修という点からもこれが大切です。したがって、以前は、どの駅も似たようなものばかりでした。しかし、お客様から「どこの駅なのか分かりにくい」という指摘がずいぶんとありまして、それ以降は駅ごとに多少個性をもたせようと材料選定にも工夫を加えてきました。その流れで、例えば南北線では、「ステーションカラー」を導入しています。営団では路線別に「ラインカラー」を展開していますが、南北線では各駅に個性をもたせようということで、6色のイメージカラーを駅ごとに反復するように割り当てています。

また、建設時の内装仕上材料への配慮ということでいいますと、まず床材については基本的には石を使用しています。耐久性があって、少しでも軽量で清掃しやすいものを選んでいます。壁材については、大判タイルや結晶化ガラスパネルなどを使用しています。パネルの場合は、メンテナンスを考えて、なるべく大きなサイズ、つまり目地がなるべく少ないものにしています。また、ほこりが付きにくく、清掃時に拭き取りやすいように平滑で艶があることも大切です。天井材はアルミスパンドレルやアルミパネルです。材料自体はどれも30年から50年程度の耐久性があり、メンテナンスしやすいものを使用していますが、地下空間の問題として、トンネルからの漏水があります。したがって、漏水による清掃の限界や、土木躯体自体の改修工事のために仕上材料を全面的に撤去し、内装リニューアルを行うケースもあります。メンテナンスについても、地下駅ならではの問題があるわけです。

地下空間をスムーズに誘導するサインシステム

Q：時間軸にそって拡張していく地下鉄のネットワークとそれにともなう地下駅空間の広がり、そして地下から地上への旅客誘導。地下駅では地平駅以上にサイン環境の整備が大切になります。さらに、必要な情報は変化し続けます。地下駅におけるサイン環境への対応についてお聞かせ下さい。

A：サイン環境に関してはさまざまな工夫を施して、スムーズな旅客誘導の向上に努めてきたつもりです。何といっても、駅が地下トンネルの中にあるわけですから、地下から地上へとどのように誘導していくか、この階段を上がれば地上にはどういう風景が広がっているのか。サインシステムの整備は極めて重要な点だと思います。営団が現在使用しているサインシステムを最初に導入したのは1973年です。当時はさまざまな案内方式が用いられていて、全体としての整合がとれていない状態でした。特に乗換駅で乗り場や出口が見つけられないなど、分かりやすい旅客案内掲示の設置が切望されていました。そこで、営団では専門家を交えたサインの検討チームをつくって、表示内容を乗車系、降車系、のりかえ系別に整理し、移動経路にそって簡潔なグラフィックサインを次々と掲出するサインシステムを開発、まず実験として、千代田線大手町駅でテストプロジェクトを実施しました。入口の緑色、出口の黄色や路線別に色分けしたサークル形のシンボルマークなどが登場したのはこの時です。この実験が旅客案内に威力を発揮し、駅のイメージの一新という意味でも非常に好評であったので、翌年の1974年、有楽町線開業時にこのシステムを統一的な案内方式として全面的に採用し、その後順次全線にわたって展開してきました。それから30年近くも経っていますが、見やすい色でサイン改革をトータルシステムとして行い、また路線別に色分けした「ラインカラー」の考え方などは、ある意味で革新的なことだったのではないかと思っています（fig.3、4、5、6）。

Q：路線と色が一体のものとして認知されているので、活字を読まなくても視覚的に色の方向に従って行けば目的の路線に行ける。非常にシンプルかつ効果的なサイン環境を実現していますね。

A：必要に応じて後から次々にサインを付け足していって、しかもそれらが見えるように、高い所や低い所にバラバラにレイアウトされるようなかつてのサイン環境では、スムーズな旅客誘導はできないと思います。

Q：必要なサイン情報は常に変更され、更新しなくてはならない運命にあるため、サインの更新は非常に重要な問題だと思います。

A：例えば、先ほどのバリアフリーに関してですが、エレベータや多機能トイレがひとつできると、既存のサインに情報を追加

- **A.** 駅出入口に設置するサイン
  - **A-1** 駅出入口を示す位置サイン
  - **A-2** 駅名を示す位置サイン
  - **A-3** 乗車系の案内サイン
  - **A-4** 規制サイン
- **B.** ラッチ外コンコースに設置するサイン
  - **B-1** 改札口への誘導サイン
  - **B-2** 地上出口への誘導サイン・位置サイン
  - **B-3** 駅施設への誘導サイン・位置サイン
  - **B-4** 乗車系の案内サイン
  - **B-5** 降車系の案内サイン
  - **B-6** 案内ゾーンを示す位置サイン
  - **B-7** 乗降車系の案内サイン
  - **B-8** 規制サイン
- **C.** 改札口まわりに設置するサイン
  - **C-1** 改札出入口を示す位置サイン
  - **C-2** きっぷうりばへの誘導サイン・位置サイン
  - **C-3** 精算所への誘導サイン・位置サイン
  - **C-4** 運賃に関する案内サイン
  - **C-5** 乗車系の案内サイン
  - **C-6** 規制サイン
- **D.** ラッチ内コンコースに設置するサイン
  - **D-1** ホームへの誘導サイン・位置サイン
  - **D-2** 乗車系の案内サイン
  - **D-3** 改札出口への誘導サイン
  - **D-4** のりかえへの誘導サイン
  - **D-5** 駅施設への誘導サイン・位置サイン
  - **D-6** 規制サイン
- **E.** ホームに設置するサイン
  - **E-1** 駅名を示す位置サイン
  - **E-2** 行先別ホームを示す位置サイン
  - **E-3** 改札出口への誘導サイン・位置サイン
  - **E-4** のりかえへの誘導サイン
  - **E-5** 駅施設への誘導サイン
  - **E-6** 乗車系の案内サイン
  - **E-7** 降車系の案内サイン
  - **E-8** 案内ゾーンを示す位置サイン
  - **E-9** 車両扉位置示す位置サイン
  - **E-10** 規制サイン
- **F.** 車内に設置するサイン
  - **F-1** 路線の案内サイン
  - **F-2** シルバーシートの位置サイン・案内サイン

fig.3
営団地下鉄の個別サインの種類と分類（©帝都高速度交通営団）

fig.4
地下駅空間のサイン群

さまざまな経路選択を伝達するホーム

ホームの線路際の床

改札口周辺

連絡通路の乗換え路線への誘導

ラチ外コンコースの地上出口誘導

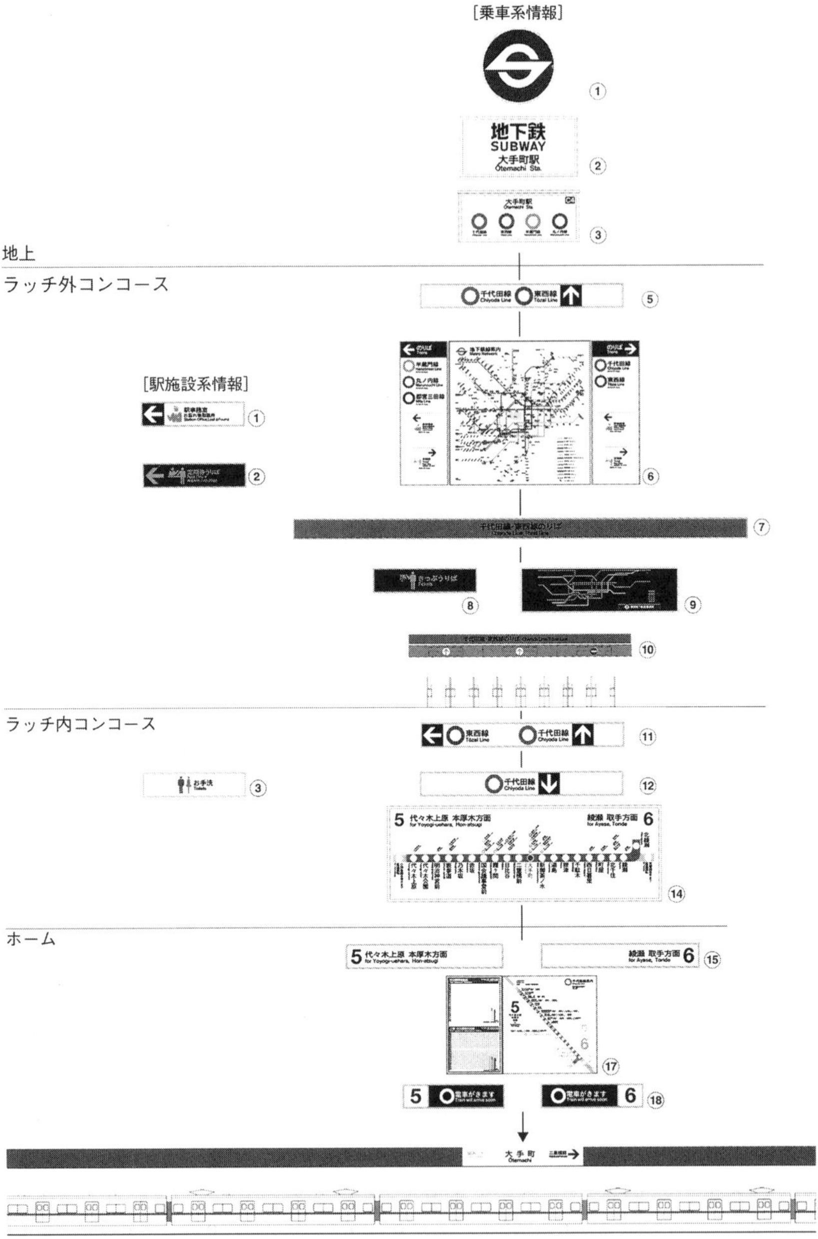

fig.5
営団地下鉄のサインシステム（グラフィックフロー図、©帝都高速度交通営団）

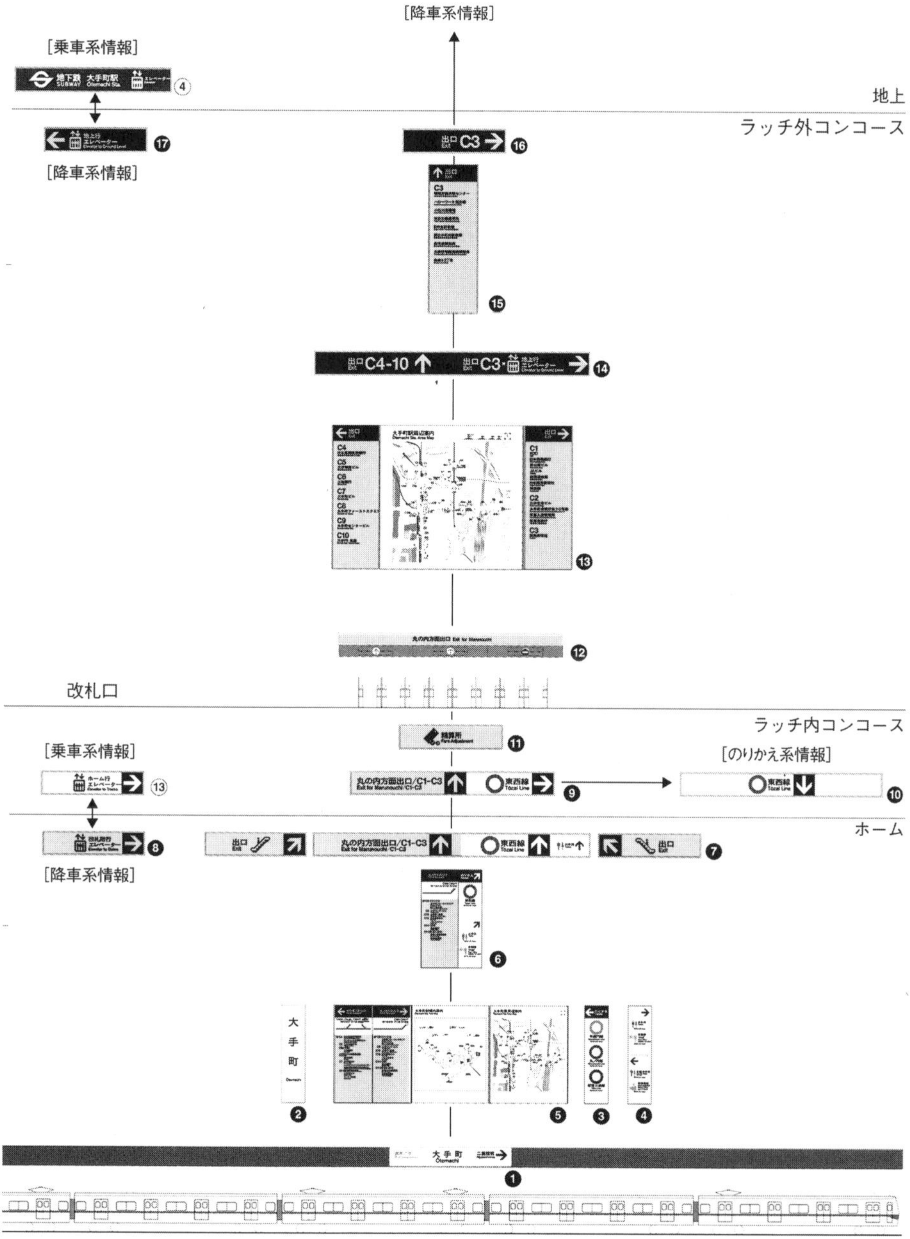
[降車系情報]
[乗車系情報]
地下鉄 SUBWAY 大手町駅 Otemachi Sta.
地上
ラッチ外コンコース
地上行 エレベーター
[降車系情報]
出口 Exit C3
出口 Exit C4-10
出口 Exit C3・地上行 エレベーター
改札口
ラッチ内コンコース
精算所 Fare Adjustment
[乗車系情報]
ホーム行 エレベーター
丸の内方面出口/C1-C3 Exit for Marunouchi/C1-C3
東西線 Tozai Line
[のりかえ系情報]
ホーム
改札階行 エレベーター
[降車系情報]
出口 Exit
大手町

[乗車系情報]

① Sマーク標S型
② 上家上駅名標
③ 上家腰壁駅名標
④ エレベーター駅出入口駅名標
⑤ 内照式のりば誘導標
⑥ 全線案内図
⑥ パネル式のりば誘導標
⑦ 改札入口標
⑧ きっぷうりば位置標
⑨ 普通旅客運賃表
⑩ 改札出入口標（通行区分表示付）
⑪ 内照式のりば誘導標
⑫ 内照式のりば誘導標
⑬ ホーム行エレベーター誘導標
⑭ 停車駅案内標
⑮ 内照式番線方面標
⑯ 自動旅客案内装置（表示器）
⑰ 停車駅案内図
⑰ 列車標準時刻表
⑱ 列車接近標

[降車系・のりかえ系情報]

❶ カラーライン内駅名標
❷ 柱付駅名標
❸ 柱付のりかえ誘導標
❹ 柱付駅施設誘導標
❺ パネル式改札出口誘導標
❺ 構内案内図
❺ 駅周辺案内図
❻ 階段袖壁付改札出口誘導標
❻ 階段袖壁付のりかえ誘導標
❻ 階段袖壁付駅施設誘導標
❼ 内照式改札出口誘導標
❼ 内照式のりかえ誘導標
❽ 内照式改札階行エレベーター誘導標
❾ 内照式改札出口誘導標

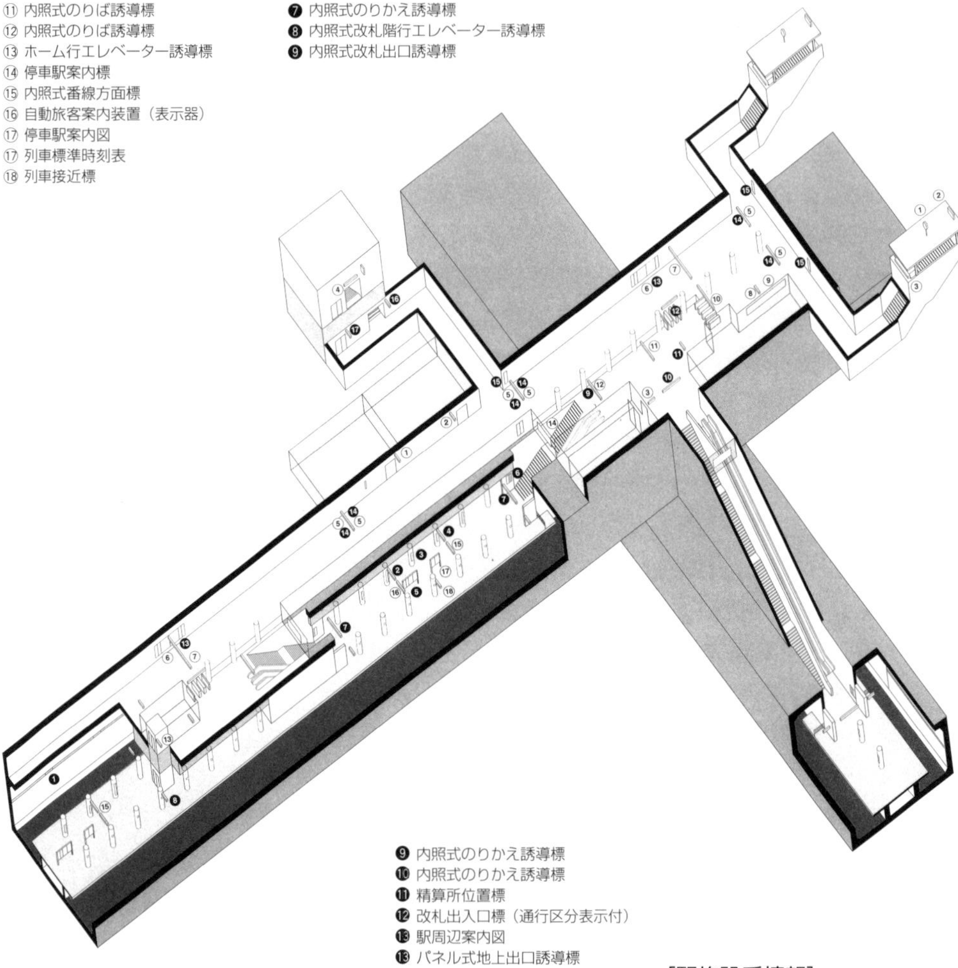

❾ 内照式のりかえ誘導標
❿ 内照式のりかえ誘導標
⓫ 精算所位置標
⓬ 改札出入口標（通行区分表示付）
⓭ 駅周辺案内図
⓭ パネル式地上出口誘導標
⓮ 内照式地上出口誘導標
⓯ パネル式地上出口誘導標
⓰ 内照式地上出口誘導標
⓱ 地上行エレベーター誘導標

[駅施設系情報]

① 内照式駅事務室誘導標
② 内照式定期券うりば誘導標
③ 内照式お手洗位置標

fig.6
営団地下鉄のサインシステム（モデル配置図、©帝都高速度交通営団）

するために、全部のサインを代えなくてはいけないのです。加えて、日々地上の情報も変わりますし、構内の情報も変わりますから、それを更新しつづけるというのは大変ですね。地上の状況変化については定期的に把握して、サインに反映するようにしています。暫定的にはカッティングシートのようなもので対応しますが、最終的にはサインを全部変更するようにしています。

Q：南北線ではホームドアが設置されたこともあり、少しサインシステムが変わったようですが。

A：南北線の場合は、ホームドアによってホームの環境が閉塞的な空間になっています。そのため、従来の「ラインカラー」に加え「ステーションカラー」という考え方を導入しています。しかし、基本的なサインシステムは変更していません。

Q：サインシステム自体を変更することがない限り、新線ができてもサイン環境に大きな変化はないということですね。

A：そうです。変わっている部分といえば、ピクトグラムやバリアフリーの統一サインですね。遠くからでも文字を読まなくても瞬時に分かるようなサインを色の対比を利用して展開しています。

展開

Q：東京圏の地下鉄ネットワークはインフラとしてはかなり成熟してきた状況にあると思います。そういった中で、営団としての今後の展開についてお聞かせ下さい。

A：営団という組織は特殊法人でして、「帝都高速度交通営団法」により、主に東京圏の地下鉄ネットワークの建設と運営を今まで行ってきました。しかし、かつての国鉄の民営化と同様に、営団も2004年の特殊会社化に向けて、現在総力をあげてその準備にあたっているところです。今までは、国と東京都の後ろ盾があって事業を行ってきたわけですが、民営化するということは自主・自立経営が求められるということです。言うまでもなく、独立独歩で投資家に投資をしていただいて資金を調達して改良工事だとか車両購入だとか運営していかなければならないのです。つまり、民間企業になろうとしているわけですから、今後はいろいろな工夫をしていかなければなりません。駅においても、駅という施設を単純に「通過する所」、「乗降する所」といった機能だけではなく、今後は駅をいかにして多機能化していくかが大きなテーマになってきます。電車に乗らない人でも駅に行けば寄る場所があるというような生活関連事業の一環として駅を活用していく必要があると思っています。そのためには道路下の地下空間という制約に直面せざるを得ないわけですが、そこは前向きに模索、検討していかなければならないでしょう。

聞き手＝松口龍

2B-5
「連続立体交差事業」という駅再生のチャンス
——まちづくりと連動するインフラ・リノベーション

全国に約37,000カ所以上、その約半数が都市部に集中しているといわれているのが踏切。例えば、東京都内だけをみても、約1,300カ所もの踏切が残っており、その内の約25%の踏切では、ラッシュアワーの遮断時間が1時間当たり40分以上という、「開かずの踏切」だという。このような踏切による交通渋滞を解消するために、鉄道と道路のクロスポイントを連続して高架あるいは地下で立体交差化しようとするのが、「連続立体交差事業（以下、連立事業）」である。この事業の波及効果は大きく、周辺地域活性化のための起爆剤としての期待が大きい。例えば、踏切に起因する交通事故の解消や鉄道と交差する道路の整備促進、鉄道によって分断されていた市街地の一体化、周辺地域の土地の高度利用と高架下空間の有効利用、そして駅の改良による利便性の向上などである。この事業は、国の支援体制の下、道路整備の一環として各都道府県や政令指定都市が実施するもので、事業費はそのほとんどを都市側が負担し、鉄道事業者側は費用の一部を受益者負担するものである。

具体的な事業の流れとしては、「連立事業」が都市計画事業として施行されるために、都市計画法上の手続きが必要となる。そのため、事業主体である都道府県や指定都市は、鉄道事業者と調整しながら地元市町村と一体となって地域住民の理解を得ながら都市計画の手続きや工事などを実施していくことが必要となってくる（fig.1）。

事業が適用される「連続立体交差化」は具体的には次のように定義されている。「鉄道と幹線道路とが2カ所以上において交差し、かつ、その交差する両端の幹線道路の中心間距離が350メートル以上ある鉄道区間について、鉄道と道路とを同時に3カ所以上において立体交差させ、かつ、2カ所以上の踏切道を除去すること」となっている（fig.2）。ちなみにここでいう「幹線道路」とは、道路法による一般国道、都道府県道、都市計画法により都市計画決定された道路のことを指す。

日本では、鉄道建設と駅建設が都市の十分な発展に先行する形で進められてきた経緯もあり、それによるさまざまな歪みの修正や現代都市における交通インフラの再編、そしてそれに連動する駅空間の再編が都市再生にとっても重要なテーマになってきている。駅という施設を単なる交通インフラ拠点としてだけでなく、生活支援インフラ拠点としても機能させていこうとする21世紀の駅再生にとって、この「連立事業」は大きな原動力になっていくものといえよう。

このような流れの中、現在全国では62カ所でこの事業が実施あるいは計画されている状況にあり、そのひとつとして計画が進められているのが京王線調布駅付近の「連立事業」

である。地平駅である調布駅の一日平均乗降客数は約10万人。京王線の起点駅である新宿駅（約70万人）、渋谷駅（約32万人）、吉祥寺駅（約14万人）、そして小田急線との乗換駅でもある下北沢駅（約13万人）に次ぐ乗降客数の多い駅として、地域社会に不可欠な存在になっている調布駅。この「連立事業」が利用客や地域に及ぼす影響は大きく、駅再生の格好のチャンスとしての期待は大きい。

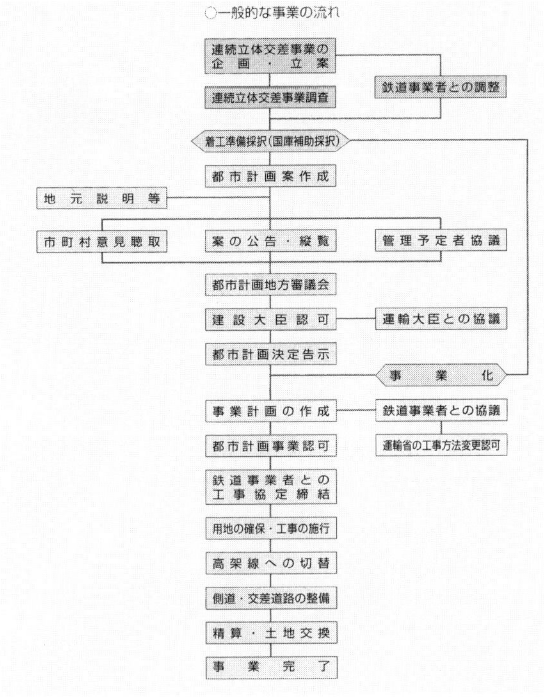

fig.1
「連続立体交差事業」の一般的な事業フロー図

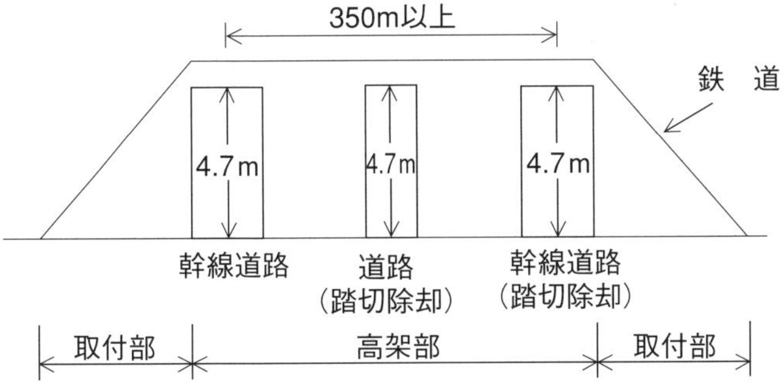

fig.2
連続立体交差化の事業適用図

インタビュー

京王電鉄株式会社
久保田金太郎
工務部、次長

地下に移設される駅

Q：線路が地上を走り、平屋の地平駅の形式をとっている現在の調布駅は、京王線と京王相模原線の分岐駅でもあるため列車の本数も多く、交通渋滞のネックになっている踏切は長い間問題になってきました。現在、調布駅付近の「連立事業」が計画進行中ですが、この計画は立体交差化によって踏切を除去することによって交通渋滞を解消するだけではなく、地域と連動しながら既存の駅を活性化する絶好のチャンスだと思います。この「連立事業」の概要についてお聞かせ下さい。

A：この計画は、京王線の柴崎駅から西調布駅までの約2.9キロメートルと相模原線の調布駅から京王多摩川駅までの約0.9キロメートルの区間を地下化して、連続立体交差化を図ろうというものです（fig.3、4、5）。事業としては、東京都が事業主体となって実施する国土交通省の国庫補助事業です。

調布駅と西調布駅の間に線路を横断する鶴川街道という幹線道路があり、東京都の多摩地域の南北幹線道路として位置づけられているのですが、この踏切で発生する交通渋滞を解消したいというのが大きなねらいです。調布駅周辺の道路は幹線道路が整備されてきて鉄道との接続点となる駅前広場の整備が必要となってきていますが、京王線は建設当初、軌道法という路面電車を対象とした法律で建設されており、ホームも狭く駅前広場もないのが現状です。このため、調布市としては、近隣の府中駅で「連立事業」が完成して地域環境が活性化していることもあって調布駅でも同様の展開をしていきたいということもあるのでしょう。また、京王電鉄としても、調布駅が新宿と八王子のほぼ中間の駅で、都心と多摩ニュータウンを結ぶ相模原線の分岐駅でもありますが、両線が平面交差しているためその現状を解消したいということもあります。この平面交差部分を立体化しない限り踏切の関係もあって、列車の運行ダイヤ編成上多くの問題が生じてしまうのです。このような東京都、調布市、京王電鉄の三者の課題を解決するために、地下方式により立体化することになったのです。

地域と連携する線路跡地活用

Q：線路と駅の地下化によって、踏切が除去されることによる渋滞解消や安全向上などと同時に、線路によって分断されていた地域の再編による活性化が期待されるものと思われます。その場合、地下化によって細長く線状に連続する線路上空のスペースが出現します。このスペースの活用についてはどのように考えていますか。

A：基本的には、調布市の方でスペースの有効活用については考えていただいています。線路上空スペースというのは京王電鉄の土地なのですが、線路上の細長い土地が

●平面図

●断面図

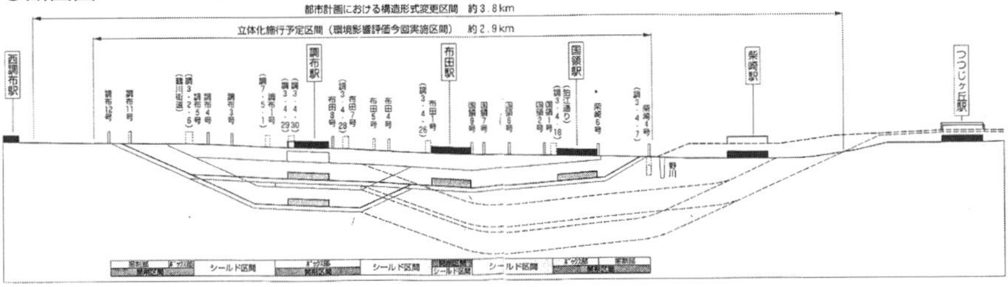

fig.3
京王線「連立事業」の計画概要図

●平面図

●断面図

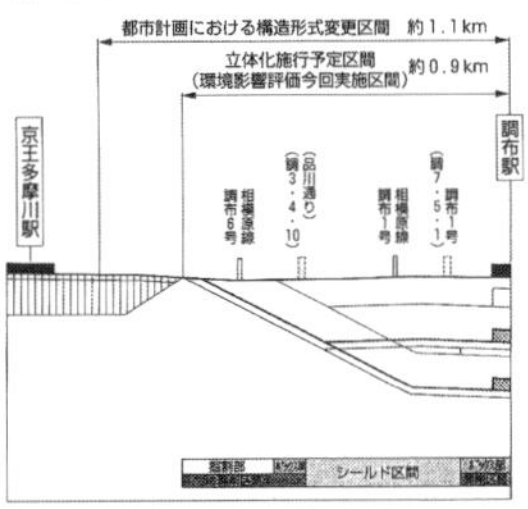

fig.4
京王相模原線「連立事業」の計画概要図

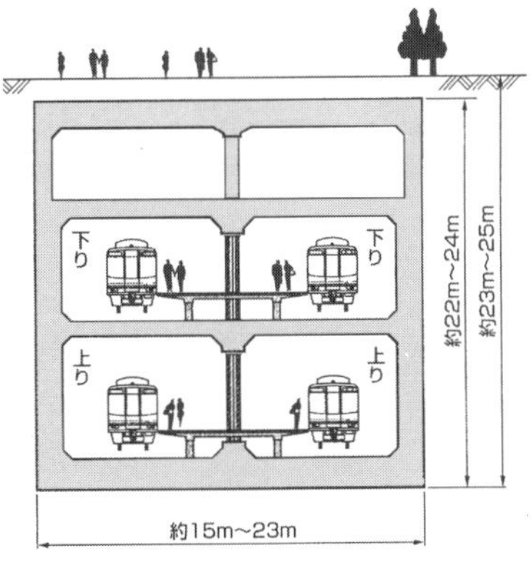

fig.5
調布駅の地下化標準断面イメージ

続いていて、私たちでそれを有効に利用できるかというと難しいのではないか。ですから駅施設に関係する部分以外の敷地については、例えば緑道や公園として整備するなどを調布市に考えていただくスタンスをとっています。やはり、このようなスペースは地域のまちづくりの一環として考えていく必要がありますし。

見えない駅の活性化

Q：この事業では、調布駅をはじめ隣接駅の布田駅、国領駅の3駅が立体化されることになっています。もともと地上にあった駅と線路が地下にもぐるわけですが、駅づくりにあたって考慮することはありますか。

A：駅が高架か地下かということについては、地域の中でも住民と商店とで意見が分かれることが多いと言われています。商店系は地下駅を嫌う傾向にあります。やはり、駅前の商店などは、駅の格好が見えていて初めて商売になる。高架下駅の場合には、1階部分にコンコースがレイアウトされて、それなりの広さがあります。旅行案内のインフォメーションや待合スペースなどがあれば活用されることによって駅として認識される、そうすればそういった場所に人が集まってくるわけです（fig.6）。一方、地下駅の場合には、小さな出入口が地上に数カ所ある程度ですから、駅の格好がほとんど見えない。出入口も分散していますから単に通過していくだけで、立ち止まるようなチャンスが少ないといえます。そのような駅の駅前は「駅前」とは言い難いですね（fig.7）。

布田駅、国領駅は地上に駅舎を計画しているので、現在の街ではなく将来の街に合わせた外観をもつ駅にしたいと考えています。また調布駅は地下に駅舎ができますが、駅前広場のバスターミナルともスムーズな連絡ができるような構造にするとともに、地上部にシンボル的なものの設置を考えており、調布市とも連携を図りながら、地域の活性化と駅の活性化に向けて、人が集まれるようなスペースを具体的にどのような形でつくっていくかの検討がこれからの重要なテーマだと思います。

聞き手＝松口龍

fig.6
見える駅：高架下駅（京王笹塚駅）の高架下スペース

高架下を有効活用した商業展開

リニアに展開する商業モールがつくり出す高架下駅の典型的な「駅前」風景

fig.7
見えない駅：地下駅（京王幡ヶ谷駅）の地上スペース

道路脇の小さな出入口

ビルの1階と道路脇に分散設置された出入口がつくる地下駅の典型的な「駅前」風景

2C ITがサポートする ユニバーサルデザイン

青木俊幸
財団法人 鉄道総合技術研究所
主任研究員（構造物技術研究部
建築）

バリアフリーから ユニバーサルデザインへ

バリアフリーやユニバーサルデザインの必要性が重要になった背景としては、さまざまな制約をもった人の要求に応えようという流れに加えて、日本の特殊条件としての高齢化の急激な進展という潮流がある。国立社会保障・人口問題研究所が2002年1月に推計した将来人口をみると、5年前の推計からさらに少子高齢化傾向が進むと予測しており、その後の出生率の推移もこの推計を下回るなど、高齢化傾向は一段と進んでいる（fig.1）。一方で、近年の意識構造の変化から「快適性」や「アメニティ」も重要なキーワードとなり、鉄道の利用者のニーズも安全・正確だけでなく、より快適な移動を実現することへの比重が高まってきている。

ユニバーサルデザインと快適性は、考え方に共通するものがあるとも考えられよう。「利用できない、利用には大きな負担がかかる」という「不適」状態から、「どうにか利用可能となる」=「適」状態が「バリアフリー」、さらに「まったく通常の利用者と同様の条件で使える」ことでより「快」に近づくことが「ユニバーサルデザイン」、さらに快適性を高めるには……、と同一の軸でとらえることができる（fig.2）。2000年には交通バリアフリー法が施行され、最低限の基準整備はなされているが、ユニバーサルデザインを考慮した、より快適な鉄道システムを実現していく必要があると考えている。

駅における主なバリアを整理してみる（fig.3）。障害をもつ利用者や高齢者にとってのバリアだけではなく、元気ではあるが初めてこの路線・駅を利用する場合や大きな荷物をもっている場合などにもそれぞれのバリアがあると考えると、そこには大きく3つの問題があると考えられる。

⑴ 移動上の問題：段差の上下や大きな駅構内の歩行時の困難さ。混雑した箇所での歩行や駅構内の暑さ寒さ。

⑵ 分かりやすさの問題：どこのホームから発車する電車に乗ったらよいのか。また降りてから、どちらの方角へ行ったらよいのか。

⑶ 操作性の問題：不慣れな券売機や改札機をどう使ったらよいのか。

ここでは、これらの問題の解決方策について、新技術、特にITをキーワードに考えていくこととする。なお、これらの研究の一部は、国土交通省からの補助金を得て

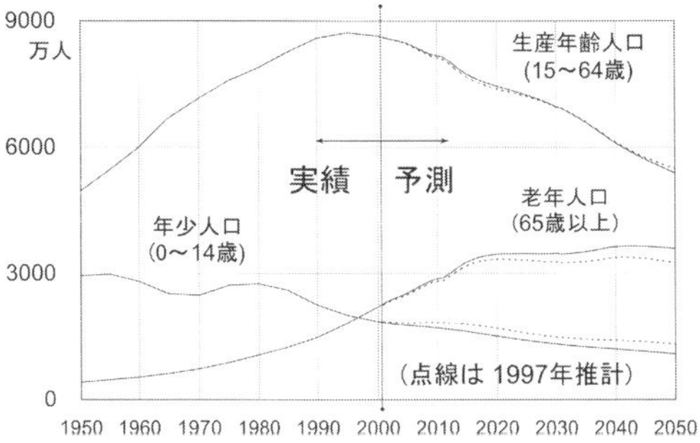

fig.1
日本の将来人口推計（国立社会保障・人口問題研究所、2002年1月推計）

fig.2
「快」と「適」

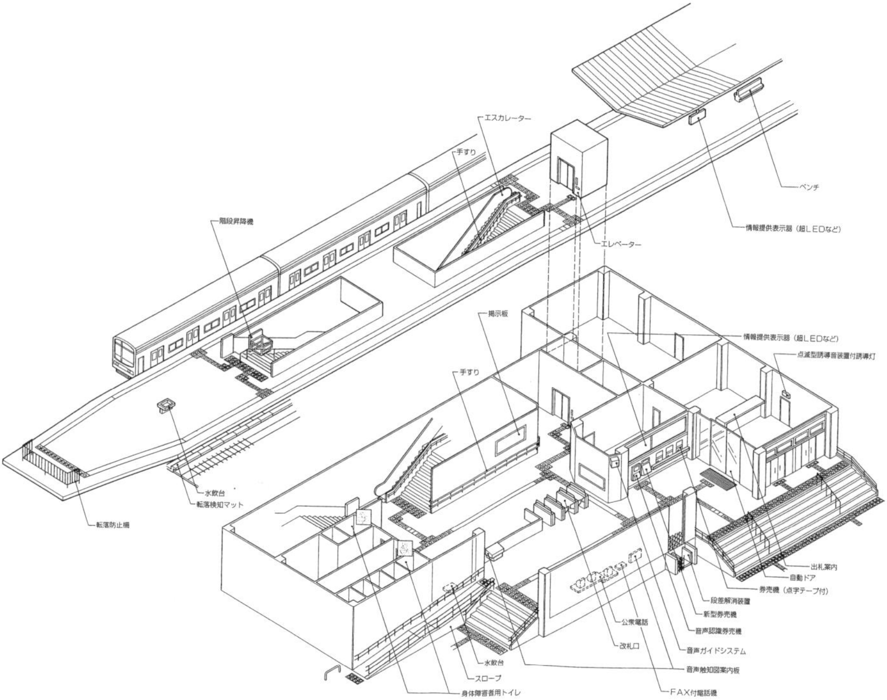

fig.3
駅における主なバリア（出典：「公共交通ターミナルにおける高齢者・障害者のための施設整備ガイドライン」、財団法人運輸経済研究センター、平成6年）

行っているものである。

駅のバリアを考えたとき、最も重要な問題は、「段差対策」であろう。駅の代表的な断面構成をみると、いずれも垂直移動が避けられない形態になっている。欧州のターミナル駅でみられるような「頭端式」ホームならば、水平移動だけで処理できるが、先頭車両への乗降では数百メートルも歩かなければならなくなる。また、電車の運転方式による方策として、街からレベル差のないホームがあれば、利用の多い列車を専らそのホームにつける、乗換えの多い路線を同一ホームの両側に位置させるなどといった手段もあるが一般的ではない。

そこで、段差の対策として、スロープやエスカレータ、エレベータといった機械的な手段が必要となってくる。車椅子やエスカレータに乗り込むことが困難な利用者のことを考え、エレベータやスロープが優先的に整備されなければならないとされている。パリのリヨン駅のように、スロープ、階段、エレベータ、エスカレータと多様な選択肢が用意されていることが、ユニバーサルデザインの「さまざまな選択肢を用意する」という原則にかなうことになる(fig.4)。一方、これは日本古来の知恵でもあった。男坂・女坂の発想である(fig.5)。これは多くの神社等に存在している。しかし、既存の駅にエレベータを設置しようとすると、旅客流動の問題があり、なかなか容易ではない。つまり、今の駅はエレベータをつけることを考慮せずにでき上がっている上に、コンコースはラッシュ時を中心に大きな流動があることもあり、ここにエレベータを設置することが困難な駅は多い。わざわざ新しいコンコースを設けてエレベータを設置する、というような工事が必要となる場合もでてくる。もうひとつの手段であるエスカレータは、階段昇降の肉体的負担の軽減であり、より「快」に近いともいえるが、駅の一般的な高低差である 6メートル程度のレベル差では、街路においてはほとんど 100%エスカレータが選択されているという観察結果もあり、「適」に近づきつつあるのかもしれない。しかし、エスカレータは階段と違い流動の幅が固定されてしまうので、乗降の流動が波動的に変化する駅では、一律に整備することは困難である。また、エスカレータの速度が(高齢者には)速く、(一般客には)遅いという問題もある。乗り込む部分はゆっくりで、中間部が速くなる動く歩道(fig.6)があるが、このようにエスカレータでも中間加速型があれば、多くのニーズに応えることができる。昔の高架駅の設計では、一気にホームまで行くのは大変との理由から、階段でいったん中段コンコースまで上げて、そこから再度階段を設けていたが、段差対策ではかえって手間がかかるともいえる(fig.7)。

駅空間のアメニティ向上へ

1：スムーズな旅客流動の実現

(a)旅客流動シミュレーション

駅構内の歩行では、混雑も大きなバリアだといえる。鉄道の駅が普通の建物と大きく異なる点は、まず利用客の数が桁違いに多いことである。超高層ビルの1日平均利

fig.4
リヨン駅：スロープ・階段・エレベータ・エスカレータと多様な選択肢が用意された駅空間

fig.5
日本古来の知恵でもある男板・女坂
（出典＝栗山好男「人間中心の旅客駅設備考」、『鉄道建築ニュース』、1985年10月）

fig.6
中間加速型動く歩道（IHI）：乗降する部分はゆっくりで、中間部は速くなる

fig.7
中段コンコースのある高架下駅で、小さい段差にエスカレータを設置した例

用人員が数万人規模といわれるが、首都圏だけでも利用客 10万人規模の駅が100程度にのぼっている。日本一利用客の多い新宿駅では、改札口からの乗車客が約75万人であり、ほぼこれと同じだけの降車客、さらにこれとは別に相当な乗換えの利用もある。この人数だけでも膨大だが、利用形態にも特徴的なものがみられる。列車の発着による集中的な利用である。列車が着いてドアが開くと数百、数千人の利用者が瞬間的に駅構内に登場することになる。駅を一日中観察していると、混雑～閑散～混雑という波動をみることができるのだが、一般の利用客からみると、その混雑と一緒に行動していることになるため、「駅はいつも混雑している」という印象をもつことになる。この混雑に対しては、従来からさまざまな改良工事を行ってきてはいるものの、駅前（というより駅内）の一等地という制約から用地を拡げるのは非常に困難である。部分的・段階的な改善には限度があるため、有効な計画の評価が重要なものとなっている。

駅の屋根を取り払い、各階を切り離して真上から俯瞰し、刻一刻と変化する複雑な旅客の移動状況を動的に見ることができれば、各地点における流動のサービスレベルが理解でき、駅を計画する際の問題点の把握や改良による効果が容易に判断できる。これを実現したのが、「旅客流動シミュレーション・システム」（fig. 8）である。このシステムは既に100以上の駅計画に利用されている。このシステムが使われるケースとしては、新設駅や大規模な駅の改良計画案を判断する場合の他、乗降人員の増加や運転形態の変動（運転間隔の短縮等）を想定し、どの時点で設備容量が不足し、改良が必要になるかを検討する場合などである。朝通勤時の混雑緩和対策として運転間隔を短縮することを考える場合、ホームには従来より多くの旅客が流入することとなり、ラッシュ時の限界的基準である「次の列車が到着する以前に、前の列車の降車客をホームから流出させること」の確保が難しくなり、結果的に増発が不可能となる場合も考えられる。

(b)誘導・案内システム

この旅客流動シミュレーションをさらに進めて、より混雑が少ない箇所を予測し、誘導・案内するというシステムへと展開している（fig.9）。駅の旅客流動には空間的にも波動がある、つまり混雑している箇所とそれ程でもない箇所があるため、車両・駅構内のリアルタイムな混雑状況を旅客に直接伝え、混雑箇所を回避する情報案内・誘導を行うシステムが有効となる。このような情報提供では、現実の画像を表示する手法も考えられるが、それでは旅客がその地点に行った時には、見た画像とは違う状態になってしまっていることがあるので、リアルタイムなデータ入力で実行される旅客流動シミュレーションにより、短時間後の駅構内の状況を予測し、必要な誘導案内画面を表示するシステムとしている。プロトタイプによる実験では、朝ラッシュ時といえども列車の乗車率に差があり、これが分かると乗車する号車を変える利用者が多いという結果がでている。号車ごとの乗車

fig.8
駅の旅客流動と旅客流動シミュレーション：駅は、波動的に大量の旅客を扱うという特殊性がある。旅客流動シミュレーションによる解析で混雑を限度以下におさめてきた

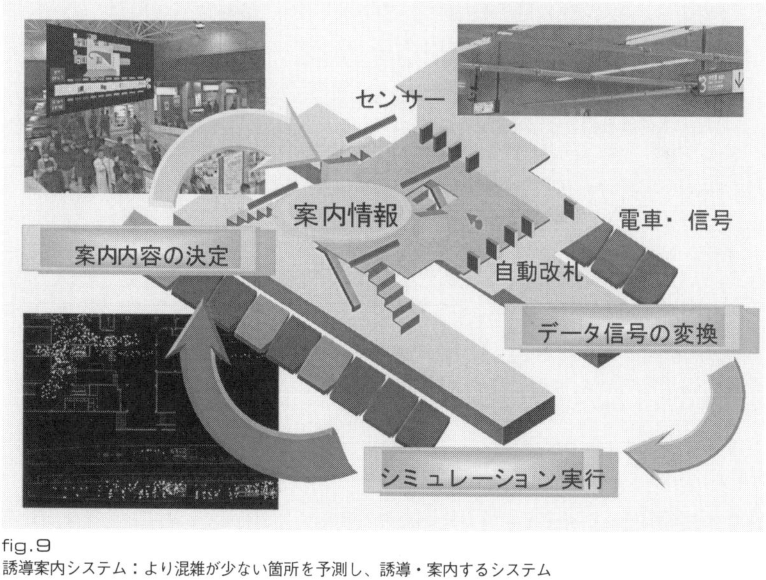

fig.9
誘導案内システム：より混雑が少ない箇所を予測し、誘導・案内するシステム

率の計測と伝送システムは、まだ実験レベルで実用化には至っていないが、実現に向けての大きな技術的障害はない。

(c)視覚障害者向け情報提供システム

視覚障害者がひとりで鉄道を利用する際のバリアの大きさは容易に想像できる。初めての駅で目を閉じて移動できる自信のある人はいないであろう。そこで、視覚障害者が対話的に情報を得られるシステムを開発した。

このシステムは駅構内などに敷設する点字ブロック部、および視覚障害者が持ち歩く杖部と携帯端末部により構成される。点字ブロックの下に無電源のタグ（小型電子部品）を取り付けている。杖部との通信距離は約10センチメートルで、無電源なので通路に埋めたままで、特にメンテナンスは不要である。杖部は外観上、障害者が使用している白杖に通信機能をもたせ、携帯端末部には音声認識・音声合成機能を導入している。まず杖の先端のアンテナが点字ブロック内のタグのデータを読み込み、このデータを杖内部のデータ送信ユニットから無線で携帯端末装置へ伝送する。携帯端末装置はこの情報をデータ受信ユニットで受信し、データベースを参照して現在の位置

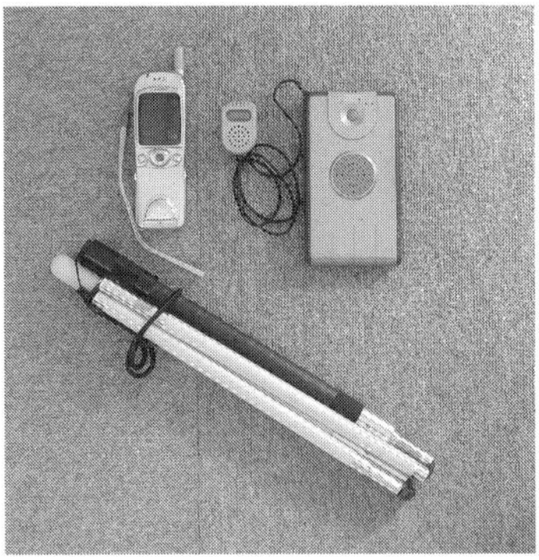

fig.10
視覚障害者向け情報提供システム：誘導・警告ブロックの下に敷設したタグにより位置情報を取得し、どの方向へ歩いたらよいか知らせてくれるシステム
（出典＝「視覚障害者向け情報提供システム」パンフレット、（財）鉄道総合技術研究所）

を求め、スピーカから音声案内を行う。また音声認識機能により利用者がマイクから音声で行き先を指定すると、目的地までの最適な経路を求め案内する（fig.10)。携帯端末装置は利用者の行動をトレースしており、現在の位置のみならず移動している方向などを把握している。例えば、誤った方向へ進んでしまった場合でも「戻って右に曲がって下さい」などの案内を行う。また目的地に到着した後も、利用すべき機器などがある場合にはこの位置を知らせる。券売機の前に到着した時には、「券売機の前に到着しました。券売機は右手1メートルのところにあります」といった案内ができる。

2：快適な駅空間の実現

(a)流動空間から滞留空間へ

従来、駅においては流動の検討を中心に、基本機能を満たすことに主眼がおかれ、空間としての快適性まではなかなか進展してこなかった面がある。快適性を考慮した事例もいくつかはみられたが、近年の駅では、そうした快適性の側面も向上してきている(fig.11)。これまでの流動がメインであった駅から、積極的に「人が集う場」として、留まれる空間づくりという視点が必要とな

fig.11
東京臨海高速鉄道の国際展示場駅：近年は快適性を重視した駅も増えてきている

ると思われる。パリのリヨン駅ホームの傍らにあるオープンカフェ（fig.12）や「おばあちゃんの原宿」として知られる巣鴨駅のコンコースの一隅にラッシュ時が過ぎると出現する休憩所（fig.13）。接遇の精神では日本の方が上かとも言えるが、「相応しい空間があれば」と思える。

また、駅空間においては、コンコースだけでなく、ホームの快適性も大きな課題である。ホームドアは安全性・快適性等のさまざまな点で有効な手段であるが、既設線に導入しようとすると、車両のドア位置・旅客流動等の制約条件には厳しいものがある（fig.14）。

(b)物理的な環境

一般的な建築環境における快適性の研究はこれまでにもあったが、半屋外的な性格をもつ駅空間での人間が知覚する快適性に関する総合的な検討は行われていない。そのため、駅空間の物理的環境について人間側の要因を含めた形で快適性の評価法を検討し、駅空間の温熱環境や音環境の実態を把握するとともに、予測法・対策法の検討を進めている。被験者による温熱評価実験の結果を、寒暖の評価値を横軸に、その環境を「不満足」と感じる人の割合を縦軸にとって表したグラフからは、駅空間では一般居室を対象とした不満足率より小さいことがわかる（fig.15）。

進化する改札システムと駅

1：ゲートレスの駅

現在の日本における駅の骨格は、改札口（ゲート）を境界として、その内外という

fig.12
パリのリヨン駅：ホームの中にある有名なレストラン「トラン・ブルー（ブルートレイン）」と下のオープンカフェの風景

fig.13
地下鉄コンコース内の休憩所（東京都交通局三田線巣鴨駅）

fig.14
日本の鉄道としては初めてホームドアを採用した営団地下鉄南北線

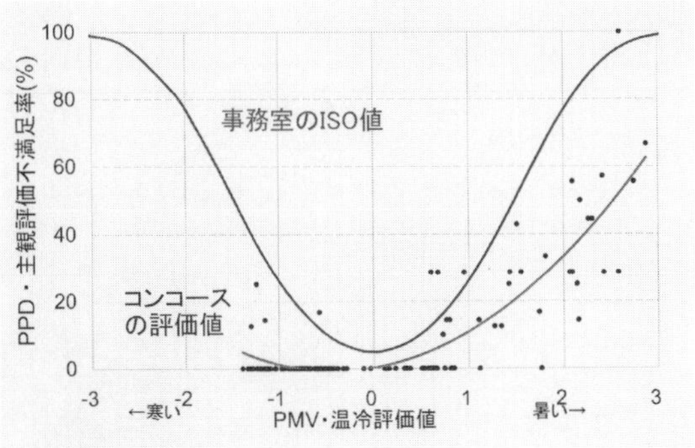

fig.15
駅コンコースの主観評価実験結果

大きなブロック分けとなっている。都市部の駅でも、つい数年前までここに駅員がいたということを忘れそうになるほど自動改札への移行は急であった。現在では、JR東日本で「Suica（スイカ）」という非（軽）接触式のICカードが導入され、更なる進展が予想される（fig.16）。一方、ヨーロッパの駅のような無改札システムは、はるかに利便性は高く、また駅構内も境界がなくなり、多様な機能を取り込みやすくなる（fig.17、18）。ヨーロッパでは制度として実施しているが、これをIT技術で実現することが考えられる。

その段階としては、改札機がいろいろな場所にあるマルチゲート、ゲートはあるが改札機を意識させないソフトゲート、現在のような改札がまったくないゲートレスといったものが考えられる。ここではこれらを総称して「ゲートレス」と呼ぶことにする。従来の改札システムから「ゲートレス」に変わると、駅全体のフレームも大きく変えることができる。これまでのように、さまざまな流動を改札口に一旦集中し、そこからまた分散させるといった必要がなくなると、混雑も緩和だけでなく、自由度の高い計画が可能となる。街から各ホームへ直接アプローチすることができ、駅としての設備は、その間に点在するような構成とな

fig.16
ＪＲ東日本のSuica（スイカ）対応自動改札機

fig. 17
パリの地下鉄新線の自動改札機

fig. 18
チューリッヒ中央駅：頭端式の一番外側のホームは道路と区別できない

る。ラッシュ時とデータイムとでゲートを変えることによりオープンな空間をつくり出すマルチゲートのイメージ（fig.19）。ソフトゲートの橋上駅と高架下駅のイメージ（fig.20）。街路に直接幅広く開放されたホーム空間が可能となり、高架下は完全に街路化され、改札内外という区別がなくなるため、自由な位置にホームへの動線が配置できる。

2：サイバーレール

さらに、鉄道総合技術研究所が提案しているものに、「サイバーレール」構想がある。これは「ゲートレス」も含むが、それ以上の概念で、移動のすべてに関して、サイバー空間との情報のやりとりを介して、一元的に処理しようというものである（fig.21）。詳細は、鉄道総合技術研究所が主宰するサイバーレール研究会のURL（http://cyberrail.rtri.or.jp）を参照のこと。

(a)フェアシステム

出発から到着までを完全に「サイバーレール」を利用する旅客にとっては、途中での切符のやりとりがなくなるシステム。「サイバーレール」は利用区間などを把握し、適切な運賃を差し引くことができる。また、「サイバーレール」にアクセスできる端末（携帯端末や携帯電話等）を持っている旅客は、意識的に接続していなくても、

fig.19
マルチゲート

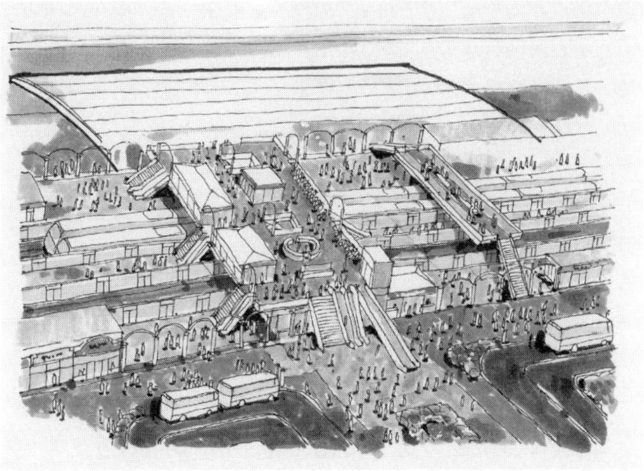

fig.20
ソフトゲート（橋上駅）

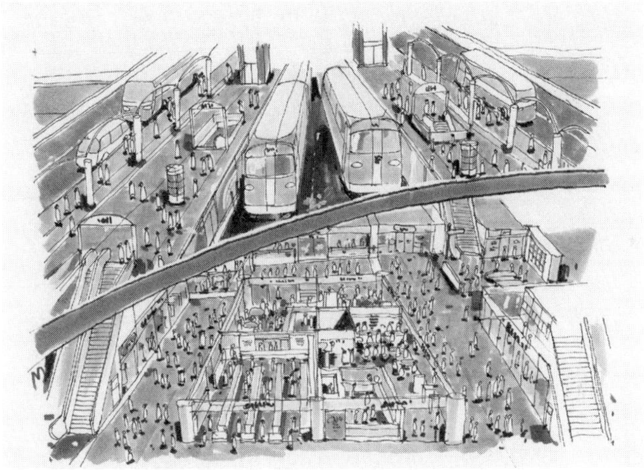

ソフトゲート（高架下駅）

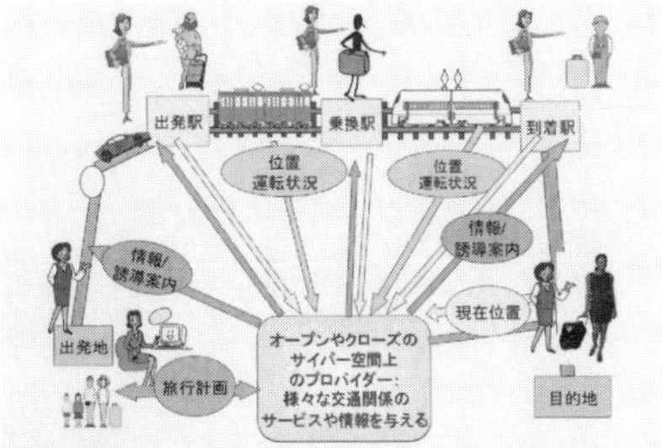

fig.21
サイバーレールのトータルイメージ

各所に設置されたゲートを通過する時点で利用情報のやりとりがあり、料金を支払うことになる。

(b)誘導案内

鉄道だけでなく、最終の行き先に合わせた最適の誘導や駅構内・車内にどれだけ人がいて、どこで降り、どこへ行くのかを考慮した、最適の構内歩行経路・乗車位置案内がなされるシステム（fig.22）。このとき、「できるだけ早く」、「子供をベビーカーに乗せていく」などといった付帯条件を多く入力するほど、以降の誘導が旅客の固有ニーズに合ったものとなる。これらの条件によって、最適な手段・経路を変えて案内を行う。もっとも、これらを逐一入力するのもかなり煩わしい。通常は個人の定常条件群がセットされていて、必要な場合にのみそれを変更することになる。例えば、オフィスから得意先を廻る場合は、「着時間厳守」・「経済性優先」・「中程度荷物有」といった優先条件となる。鉄道事業者からみると、大部分の旅客の情報が把握できれば、最適スケジューリングを行い、特別な時間帯をのぞいて、ほとんどすべての旅客に座席を提供することも可能となる。

(c)自動車ITSとの連携

線路上空に高度ITS制御が可能な道路を架け、このレベルに駅のコンコース階を設置し、車の乗降場所とホームへのアプローチを近接させるシステム（fig.23）。ここでは、車は停車のみとし、駐車スペースは別に用意する。ITSにより車両統合制御を行い、安全で高密度な自動車走行レーンとする。さらに、この区間で車の自動運転ができれば、車を無人で駐車場まで送ったり、列車が近づけば自動的に迎車に来させたりすることも可能となる。

(d)長距離列車

新幹線等の都市間列車では、予約システムと連携した案内が行われるシステム（fig.24）。東京－大阪間のように、ほとんど均一のサービスの列車が高頻度で運行している区間などでは、細かな指定制度はあまり意味がない。自宅あるいはオフィスから乗車する時、定刻までに発車するホームに着くのには注意力を要する。例えば、これを列車群単位の予約にしておけば、旅客の現在位置からホームへ到着する時刻を予測できる「サイバーレール」は、最も適切な座席を割り当てることができる。出発地に戻る時も、「大体何時頃になる」と「サイバーレール」に伝えておけば、適切な座席を割り当ててくれる。旅客が多く、座席が足りなくなりそうだったり、終列車までに間に合わなくなりそうな場合には、「サイバーレール」がアラームを発してくれる。これは、鉄道事業者にとってみれば、指定済みの空席がなくなり、場合によっては、設定した列車を走らせなくてもよいことになる。逆に、需要が旺盛な時は、初期設定より多くの本数を走らせることができる体制も必要となる。

fig.22
サイバーレールによる誘導案内：個人の条件に最も適した案内がなされる

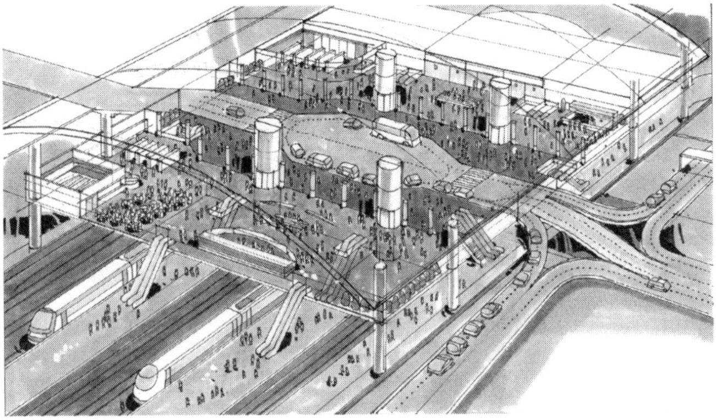

fig.23
自動車ITSと連携したゲートレス駅

fig.24
長距離列車では利用者がホームに着いた時点ではじめて席が確定され、案内がなされる

インタビュー

サインスケープ／駅

武山良三

(国立高岡短期大学産業デザイン学科助教授)

交通体系全体の見直しからサインを再編せよ

たけやま・りょうぞう

1956年生まれ。京都市立芸術大学美術学部卒業。

日本サイン株式会社、株式会社ストロイエを経て、1997年から現職。サインデザイン、環境計画、ビジュアルコミュニケーションを専攻している。

主な作品：南海電鉄サイン計画、財団法人 河村美術館、京都ブライトンホテル、神戸女子大学瀬戸短期大学など。

駅で伝えるべき情報が飛躍的に増えている

駅において、情報を利用者に伝えるサインは欠かせません。しかし、伝えるべき情報はどんどん増えており、わかりやすく伝えることが難しくなってきています。

まず、駅内の移動についてですが、日本の駅は大変複雑です。特に地下駅はどんどん地中深くにもぐっているので、他国の地下鉄と比べてもはるかにわかりにくい空間になっています。行きたいところにたどり着くために案内表示が不可欠となっています。

次に、公共交通全体の問題。日本では都市間交通と都市内交通が混在しており、特に地方都市では、両者を同次元で考えることが難しく、結果として、都市内交通が切り捨てられる傾向にあります。せっかく新幹線が開通したのに、駅までの交通手段が確保されないという現象が起きている都市もあります。地域の公共交通は今、転機に来ています。

鉄道は単独では存在しえません。企業や自治体の枠を超えて、鉄道、路面電車、路線バス、コミュニティバス、福祉タクシーなど、さまざまな交通機関が連携しながら地域の交通を担っていかなければならないのです。

交通の連携は、何も地方都市だけの問題ではなく、大都市圏においても公共交通利用促進の鍵を握ります。JR、私鉄、地下鉄の相互乗り入れが増えるのは、歓迎すべきことですが、一方で相互乗り入れは、利用者が必要とする情報量も増大させています。駅で表示すべき情報は、これまでだったらその路線のことだけを伝えていればよかったのですが、これからは乗り入れている他社線のことや、乗り換えで利用する他の交通機関のことも情報として提供しなければならなくなります。

バリアフリーの面も考えなければいけません。私はJR山手線の浜松町駅で、双眼鏡で運賃表を見ている高齢者を見かけたことがありますが、文字は大きくないと読めない人もいるのです。もちろん点字も必要でしょう。さらには海外からの訪問者のために、英語、中国語、韓国語などの表記も求められるようになってくるでしょう。

根本的な改善は情報量を減らすことから

表示すべき情報が増える一方で、駅の空間はどうなっているかといえば、改札口の周りはすでに券売機や窓口、売店などでふさがれており、伝えるべき情報を掲載する余地がほとんどありません。こうしたなか、情報はますます増えているわけですから、駅は情報洪水の状況にあります。

この状態を根本的に改善しようと思ったら、もはや情報量を減らすしかありません。それには、掲示する長い文章を短くすることも当然やるべきでしょう。しかしそれ以前に、その文章が本当に必要なのか、そこまで立ち返ってみる必要があるのではないでしょうか。

たとえば、相互乗り入れしている路線に同じ切符で行くことができれば、いちいち切符の買い方を説明しなくて済みます。関西圏では「スルッとKANSAI」、東京圏では「パスネット」と呼ばれる各社共通のプリペイドカードがそうした社会的な要求にこたえたものです。

いっそのこと距離別の運賃制も廃止して、全区間を統一料金にしてしまえばすっきりとわかりやすくなります。券売機の調整や運賃収集の手間を考えれば、それほど高い料金でなくても均一料金で採算がとれるという試算もあります。あるいはゾーンごとに3種類ぐらいの運賃で地域内ならどこにでも行けるというのもいいかもしれません。

駅のサインについては、そうした交通体系全体の見直しのなかでの再編を考えた方がよいと思います。

ピクトグラムの標準化をはかる

情報量を減らしてわかりやすくするには、もうひとつ、ビジュアル的表現を使うということが考えられます。

(社)日本サインデザイン協会では、ピクトグラムのスタンダード版をつくる作業をお手伝いをしました(fig.1)。このピクトグラムは文章を使わずに情報を伝達できますし、世界で受け入れられれば、日本語、英語、中国語、韓国語など各国語を並べて表記する必要もなくなります。

標準化されたピクトグラムは、イギリスに行こうが中国に行こうが、トイレの絵が出ていればトイレだとわかるので、まごつくことがありません。しかし一方で、中国に来たのに中国の感じがしない、という状態になるおそれも生まれます。標準化と個性化の葛藤は、デザインの仕事をやっているとしばしば直面する問題ですが、要はそのバランスをどう設定するかです。標準化をうまく採り入れつつも、オリジナリティを出してローカリティを表現することが求められているのだと思います。

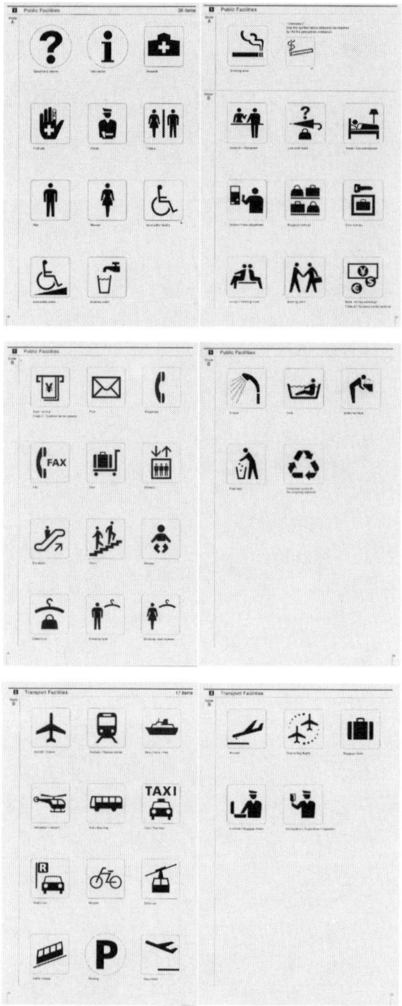

fig. 1
標準案内用図記号ガイドライン例：交通エコロジー・モビリティ財団
（出典＝“Public Information Symbols Guideline”、2001年3月、Study Committee of Public Information Symbols）

データベースづくりから始まった南海電鉄のサイン計画

駅のサイン計画では、これまで南海電鉄、阪急電鉄、大阪市営地下鉄などの各線にかかわってきました。特に南海では、サインマニュアルの策定から始まって、駅のサイン計画に次々と携わり、表示装置や券売機などの機械、車両カラー、商業広告、パンフレットに至るまで、トータルなデザイン提案を行いました。

南海のサイン計画の見直しは、関西国際空港と大阪のなんばを結ぶ空港線の開通に間に合わせるべく始まりました。私がかかわりだしたのは1988年ごろです。最初は、各駅で共通に使う矢印やピクトや文字を考えました。言葉でも表記がばらばらだったり、主語と述語が逆転していたら意味がとりにくいですよね。サインもひとつの言葉として、表記法や文法をつくることから始めたわけです。

色もまたビジュアル・ランゲージです。たとえば赤色は、特急を示す色であり、休日を表す色であり、危険を警告する色である。そういう共通の認識があれば、余分な説明をしなくても、サインの標準化ができるのです。

10年前といえば、CIがブームのころでした。当時は、隣を走る鉄道会社とは違うことをするのが個性化であり、よいデザインであるとされていました。私は「それはおかしい」と思っていました。鉄道というのは、ひとつの線から別の線へ、乗り換えていくことが当たり前です。そういう場合でも、なんの説明もなくサインが理解できることがまず肝心なはずなのです。南海サインではまず全国の鉄道を調べて、標準化できるところは極力標準化したのです。だから、できあがったものは南海のテイストは込められているものの、非常にシンプルで、一見しただけではどこにでもあるような見てくれをもっています。しかし、それこそがパブリックデザインと考えています。

それからユーザーオリエンテッドということは常に心がけました。たとえば時刻表は普通の駅では見上げる位置にありますが、南海電車では文字を指でさせる位置に下ろしました。文字の大きさも25ミリ程度の大きな文字です。デザイン業界の人が見たら、でかくて格好悪い文字と思われたかもしれません。でもこれは今で言うユニバーサルデザインの先駆けだったと自負しています。

駅の路線表示板で南海以外の路線も載せたのも画期的でした（fig.2）。関西空港駅では、関西全域の路線がそこには表示されているのです。提案した当初は、クライアントから「自分たちの路線以外の表示をどうしてしなければいけないのか」と言われましたが、「空港から電車に乗る人は南海電車だけに乗るわけではありません。乗り換えて京都に行ったり、神戸に行ったりするのです。だから絶対に必要です」と説得して、実現にこぎ着けたものです。

南海のサイン計画では、もうひとつ今までにない新しい取り組みを行いました。当時、パソコンでＣＧが描けるようになったので、それをうまく活かして、デザインプロセスをすべてデータ化したのです。デザインのアプローチとしては、普通は意匠から入りますよね。私はこの仕事でデータベースをつくることから入っていきました。どこにどういうサインがあるかひと目でわかるし、駅を使用しながらデザインをデータとして管理できるのです。そういう管理運営のシステムがないと、鉄道のサイン計画はうまくいきません。

聞き手＝磯達雄／建築ライター

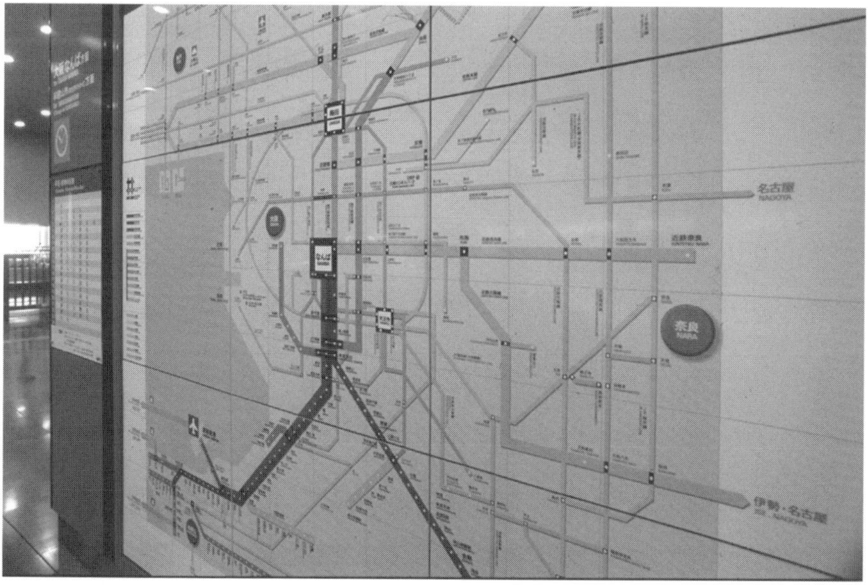

fig.2
南海電鉄のサイン計画

3

駅デザインのグローバリティ

3A

見聞・ヨーロッパのステーションフロント

3A－1 概観：ヨーロッパ駅事情

3A－2 スケッチブック

スケッチ1――ロンドン・ジュビリー線の光

スケッチ2――改札アラカルト

スケッチ3――空港特急の駅風景

スケッチ4――自転車と駅のつきあい方

スケッチ5――駅の「人にやさしいところ」

3B

ブルネル賞とワトフォード会議

インタビュー

サウンドスケープ／駅

庄野泰子

「音によって浮かび上がる駅ならではの面白さ」

3A 見聞・ヨーロッパのステーションフロント

3A-1 概観：ヨーロッパ駅事情

工藤康浩／株式会社交建設計

はじめに

イギリスの民営鉄道営業開始から遅れること50年、日本で初めて鉄道が開通し、以来130年の歴史を積み重ねてきた。国有鉄道化された日本の鉄道は、世界の中で最先端の技術を生み出し、発祥の地である欧州の鉄道技術を越えることができた（fig. 1）。しかし、同時に鉄道運営において慢性的な赤字体質は日本経済を圧迫し、それを打破するために1987年、民営化という大改革を行った。国有鉄道（以下、国鉄）の赤字体質は、日本だけに限ったことではない。イギリスをはじめ、多くの鉄道先進国は同様に自国の経済を脅かしていた国鉄にメスを入れ、次々と民営化を進めているが、日本が独自の「地域分離型」手法を編み出したこととは対照的に、ヨーロッパ主要国では、まったく異なる手法を取り入れている。また、ヨーロッパは駅のリノベーション・ラッシュともいえる状況にある。民営化によって鉄道復権をめざす一方で、駅の商業化やサービス向上によって利用客を呼び戻そうと改革の渦が巻き起っているのだ。

筆者が1998年から2002年にわたって、ヨーロッパを視察してきた中で読み取れたヨーロッパの駅事情の数々。民営化とともにヨーロッパの鉄道が大きく様変わりしていく背景には、駅システムの違いや都市構造の相違などの多くの要素が絡んでいるようである。

上下分離方式という民営化の手法

ヨーロッパ主要国の鉄道が行ってきた民営化は1990年代にピークを迎えた。各国の鉄道はこの民営化を契機に変貌を続けている。ドイツの東西統一後の開発ラッシュにあって、ドイツ国鉄の変貌ぶりなどには目をみはるものがある。冷戦時代、旧東ドイツでは市民が自動車を手に入れることなど至難のことであったが、壁の崩壊後は自由市場になり、自動車による流通が大幅に増えると、鉄道依存度は急速に低減していった。また、イギリスやフランスでも、事情は違うにせよ社会構造の変化によって鉄道経営の危機に面することとなった。

日本は世界の中でも先陣を切って国鉄の民営化に着手し、世界にその手腕を見せつけることができた。日本の場合は、結果として「地域分離型」として、周知のように北海道から九州までを5つの旅客鉄道会社とひとつの貨物鉄道会社に分割し、自由競争ができる環境を整え、2002年には完全民

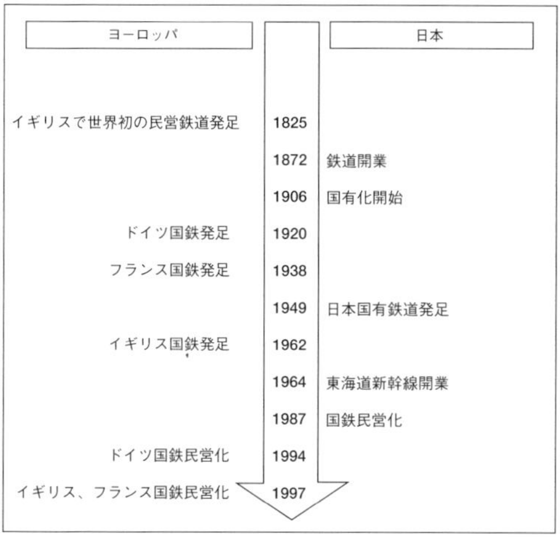

ヨーロッパ		日本
イギリスで世界初の民営鉄道発足	1825	
	1872	鉄道開業
	1906	国有化開始
ドイツ国鉄発足	1920	
フランス国鉄発足	1938	
	1949	日本国有鉄道発足
イギリス国鉄発足	1962	
	1964	東海道新幹線開業
	1987	国鉄民営化
ドイツ国鉄民営化	1994	
イギリス、フランス国鉄民営化	1997	

fig. 1
ヨーロッパ主要3カ国と日本の国鉄民営化への歩み

営化を成し遂げる会社まで出てきた。

「地域分離方式」を採用した日本のJR各社は、民営化後さまざまな駅のリノベーションを行い、それぞれ独自のステーションフロントを模索してきたが、ヨーロッパにおいても、民営化の手法や前述したような文化の違いはあるが、駅のリノベーションには各国独自の取り組みを見ることができる。

フランス国鉄（SNCF）の民営化は1997年の鉄道改革により始まった。鉄道インフラ管理事業をフランス鉄道線路公社（RFF）を設立して引き受けさせ、SNCFは公共企業体の一種の「商工的公施設」（「商工的公施設」とは、商法を適用する公的機関で、企業会計を採用する施設。その意味で、ここではフランスも一種の民営化として扱った）として鉄道輸送関連事業だけを行うこととなり、いわゆる「上下分離方式」を採用した。この上下分離とは日本の分割方式とはまったく正反対で、上を走る列車を運行する会社と下のレールを維持保守管理する会社を上下で分離する手法である。イギリスやドイツでもこの方法を採用している。「上下分離方式」による分離区分は、国によって変わってくるが、フランスの場合は車両や駅などはSNCFの財産となっている。

1962年に国有鉄道化されたイギリスでは、1993年に民営化方針が決定し、1997年に株式売却を終えて民営化された。イギリスの上下分離は、レール・トラック社と呼ばれるインフラ会社が持つ路線の上を、25の列車運営会社の列車が走る方式である。レール・トラック社は地方の小規模の駅を除き、ロンドン市内の有名なターミナル駅を含めた幹線の駅も管理下においている。

第二次世界大戦後に分割されたドイツの場合は、鉄道も西側のドイツ連邦鉄道（DB）と東側の東ドイツ国鉄（DR）に分割された。1989年にベルリンの壁が崩壊し、統一ドイツとなってからも、構造的な問題からしばらくは別々に運営されていたが、旅客輸送・貨物輸送及び路線運営の3社を柱に多数の株式会社に分割し、1994年にはDBAG（ドイツ鉄道株式会社）グループとしてコンツェルンを構成し、民営化を行った。統一と民営化というふたつの問題を一気に解決したのである。

駅のシステムと空間構成

ヨーロッパの鉄道は、日本の鉄道システムとは大きく異なる点がいくつか挙げられる。そのひとつが改札システムである。日本ではコンコースはラチ（改札）を境にラチ内とラチ外のふたつの領域に大きく分けられている。新幹線駅ともなるとさらに専用ラチを設け、入れ子的な構造のコンコースもつくられている。しかし、ヨーロッパの古くからある多くの駅には、この改札システムが存在していないことが多い。地下鉄や近年建設された新線などはラチを設ける例もあるが、ターミナル（頭端）形式の大規模な駅では領域が曖昧で、ホームまでもがコンコースの一部となっている。ヨーロッパの駅は古くから、待合室で列車を待ち、列車が到着すると待合室の扉が開放されて列車に乗り込むといったシステムの名残りがあり、現在でもエントランスホールが自然と構内ホール、さらにはホームへと連続して構成されている。

もうひとつの大きな相違は、「自由通路」と日本では呼ばれる駅の線路を跨いでつながれる通路が、ヨーロッパではその概念自体存在していないということであろう。もちろん、ヨーロッパの中間駅において自由に通れる通路も見かけるが、日本のように特化された呼ばれ方をされているわけではない。これは、改札システムの違い、都市の形成過程や構造などの違いによるところが大きいと考えられる。日本ではターミナル駅とは呼ばれていても、それは単に長距離列車の終着駅をそのように呼んでいることが多いと思われるが、ヨーロッパではまさに終端駅なのである。その先には線路はなく、線路がその周辺の街区を分断してしまうことがない。日本では駅周辺の街区の発展とともに自由通路を設けて駅の東西または南北を結ぶ役割を与えたり、交通事情の悪化に伴い「連続立体交差事業」によって線路を高架化して「自由通路」を併設したりしていることが一般的である（fig.2）。

都市のコンテクストと駅

都市構造の視点からヨーロッパの駅をみてみると、日本とさらに違った側面があることが分かる。パリやロンドンは、街そのものが城壁で囲われていた時代がある。城壁の中から馬車は出発し、別の城壁の中まで移動する。現代の鉄道駅もそのシステムに大差はない。いわゆるターミナル駅が各方面に分かれて城壁の中に分散配置されている。日本では、鉄道が発足して早い時期から線路同士を複雑にむすびつけ、東京の山手線や大阪の環状線などのような環状連絡式の鉄道システムを形成していた。

これとは相反的にヨーロッパでは、都市と鉄道の有機的構造をつくり上げることが優先されたように思える。都市を立体的構成とし、鉄道と道路の平面交差を古くから避けることを考えたせいか、市街地の中で踏み切りを見かけることは少ない。駅前の地表レベルから低い位置で線路を敷設し、堀割の底を列車は走って、郊外で地表に姿を見せる。そしてこのこととターミナル形式の駅といったことが、日本とは異なる都市と駅との関係をつくり出している。

近年では都市内のターミナル駅を結ぶ近郊電車や地下鉄を取り込んだ総合駅化が進められているが、基本的な形にあまり変化はないように思われる。ヨーロッパでは鉄道という異質なものが街の中に入ってくることに恐怖心を抱き、駅はその恐怖心を和らげるためにさまざまな建築様式を取り入れてつくられたのだと指摘されることもある。それもそのはず、巨大な鉄の塊が火と煙を吐き散らしながら轟音とともに走るなどということは、今までの生活の中では考えられない出来事だったのであろう。列車が走る風景を街の中で見かけないのは、もしかすると都市の合理的構成を狙ったというより、そんな異質なものへの排他精神が作用しているのかも知れない。

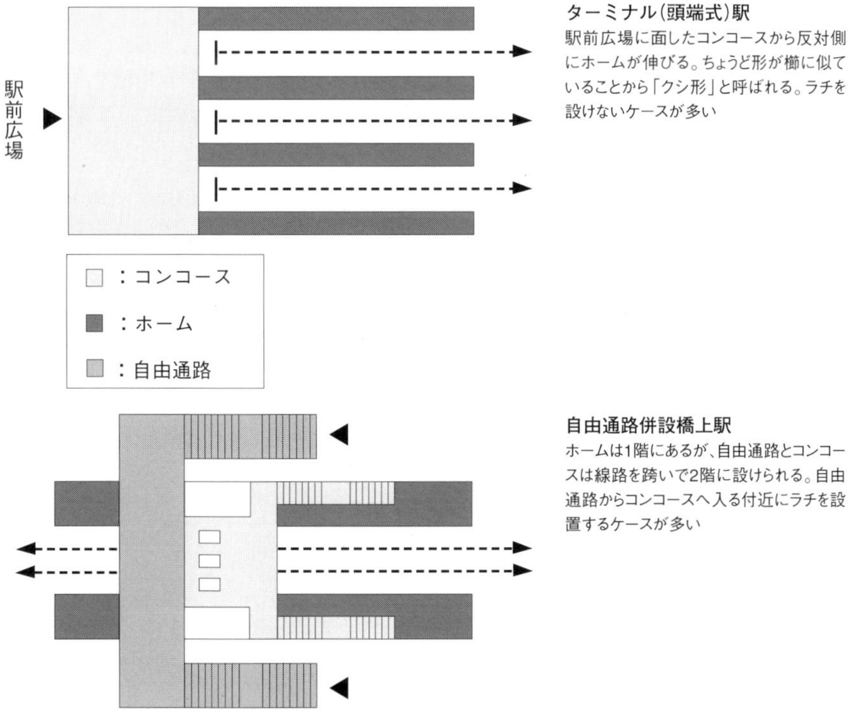

駅前広場に面したコンコースから反対側にホームが伸びる。ちょうど形が櫛に似ていることから「クシ形」と呼ばれる。ラチを設けないケースが多い

ホームは1階にあるが、自由通路とコンコースは線路を跨いで2階に設けられる。自由通路からコンコースへ入る付近にラチを設置するケースが多い

fig.2
ターミナル（頭端式）駅と自由通路併設橋上駅の基本平面構成

建築の中の土木構造物

さらに、日本とヨーロッパの鉄道の違いとして、建設におけるプロジェクト体制を挙げることができる。日本では鉄道事業に限ったことではないが、道路やダムの設計・施工は土木分野の仕事である。鉄道においてもトンネルを掘り、橋をかけて路線を建設するのは土木分野の仕事であり、例えば土木が造った高架構造物の上に建築物として駅舎を建設するのは建築分野の仕事になっている。この「建設する」という言葉は同じであっても、日本においては、土木と建築というふたつの領域が別々に鉄道駅を建設しているのである。

しかし、アメリカやヨーロッパでは土木という概念そのものがないといっても過言ではない。土木は英語では“Civil Engineering”と辞書には書いてあるが、正確に日本の土木という概念を表す言葉ではないようだ。逆に建築は“Architecture”という言葉が存在し、“Architect”という職業観も存在している。そのためか、ヨーロッパでは駅の設計において建築家の守備範囲は日本のそれとは異なってくる。

ヨーロッパにおいてもターミナル駅を建設しはじめた頃は、エントランスホールである駅の顔の部分は建築家、ホームを覆うヴォールトの大屋根は土木技術者が設計してきたようである。しかし、現代においては、建築家が駅の建設においてそのまとめ役的な存在になっている状況がある。土木的構造物はあくまでも建築的発想の中で捉えられて、プロジェクト体制が成立していることが多いようである。いわゆるマスター・アーキテクトによるプロジェクト・マネージメント制が一般的になっている。そして、このマネージメントされたプロジェクトチームの中で、技術コンサルタントとして構造エンジニアやシビルエンジニアがコラボレートして仕事を行っている。このようなプロジェクト体制によって、駅は自ずと日本とは違った形になってくるのである。近年では、フランスの新地下鉄メテオール線、地下鉄発祥地ロンドンのジュビリー線延伸などがこのような土木と建築が見事にコラボレートされた、日本にはない駅空間をつくり上げている。

駅のリノベーション・コンセプト

SNCFは利用客離れを食い止める手法を編み出すべく国内に大規模なアンケート調査を行うなど、旧来の鉄道事業の反省点を模索している。その中のひとつの改善策が古くなった駅舎の改造事業である。歴史はあってもやはり古くなって「暗く」、「汚く」、「危険」になった駅に市民は嫌悪感を抱いていたのだろう。改造計画のポイントはこの3点の改善である。駅ファサードから古い壁を取り去って明るさを取り入れたモンパルナス駅や、対照的にファサードを古いまま残しつつもユーロスターの開通に合わせて改修されたパリ北駅がその好例であろう（fig.3）。

ドイツ鉄道における改革のポイントも同じような発想からきている。「安全（Sicherheit）」、「清潔（Sauberkeit）」、「サービス（Service）」の「3S」と呼ばれるコ

fig.3
モンパルナス駅（パリ、フランス）：パリの南玄関口。大胆にスラブと壁面を撤去し、暗かったコンコースを開放的な空間に再生した。駅前広場に面したファサードもガラスのカーテンウォールの現代的な表情に変化した。また、ターミナル駅（頭端駅）式のホームの上空には巨大な人工地盤を構築し、その上は再開発が行れている

ンセプトをもとに駅の改善を全国的に展開しており、対象となっている駅は2,000を超えるようである（fig.4、5）。前述したが、ドイツは東西分裂時代に浸透したさまざまなマイナス要素を考えれば、他国以上に駅の活性化に力を入れているといってもよいだろう。DBAGが作成したドイツ鉄道の未来を描いた書物の中に、ガラス屋根の明るい駅の具体的なイメージが所狭しと掲載されているのがそのことを象徴している。さらにドイツ鉄道のサービス面の充実ぶりも目をみはるものがある。駅のアイデンティティを復活させるとともに、従来では粗末にされていた接客空間を空港以上のレベルにまで引き上げようとしている。

商業化する駅空間

古くなった駅に活気を呼び戻す方法として、駅の商業化も積極的に推し進められている。日本では1970年代から駅ビルの時代がはじまっていたが、ヨーロッパでは民営化の流れの中で駅の採算性を重要視するようになってきたと言えるだろう。

頭端式の駅の商業化にはいくつかの手法がみられる。頭端式駅の形はちょうど「櫛」に似ていることから「クシ型」ともいわれるが、ホームの部分がクシの歯にあたり、コンコースは歯をつなぐ部分である。古くから使われてきた駅のコンコースはユーロスターなどの新規鉄道の導入にも伴って手狭になってきている。そこにさらに商業施設の挿入をはかるために、この歯をつなぐ部分に当たるコンコースを広げたり、複数層化するなどしたり工夫を凝らしている。コンコースを広げるといっても、頭端駅では街に向かったファサード部分を街の中に増築することは難しい。そこで、列車の停車位置をずらしてコンコースの面積を確保する手法もみられる（fig.6）。

fig.4
ベルリン・スパンドー駅（ベルリン、ドイツ）：新築されたホームの上家は全面ガラスで構成され、昼は自然光、夜は照明によって明るい空間をつくり出している

fig.5
フランクフルト中央駅（フランクフルト、ドイツ）：駅構内の総合サービスカウンター。切符販売のほかに、案内サービス、両替、DBキャラクターグッズの販売なども行っている。2階部分は旅客ラウンジになっており、1等車の旅客ラウンジにはさらに独立した空間が用意されている。この他にも、ビジネスセンターやマルチメディア会議室なども併設されている

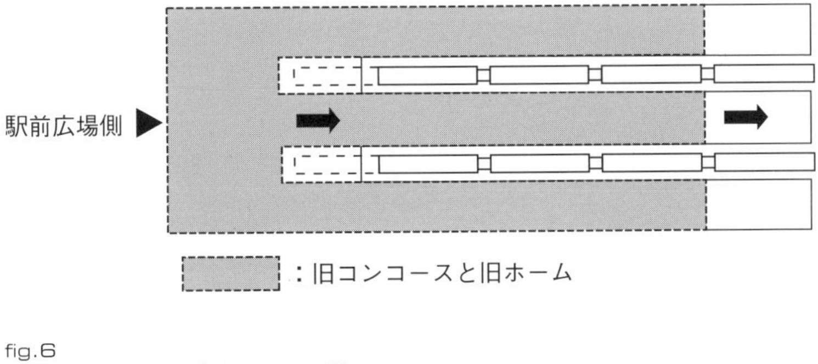

fig.6
コンコースの拡大による商業スペースの確保

パリ北駅をはじめリバプール・ストリート駅、ロンドンのビクトリア駅などがこのような手法を取り入れてコンコースに新たな空間を挿入している（fig.7、8、9）。線路上空を利用している例もある。古い駅を覆うように空間を積層化したチャリング・クロス駅や線路上空に巨大な人工地盤を作って再開発したモンパルナス駅は有名な例である（fig.10、11）。

ドイツにおける駅の商業化は、これも独創的な手法を用いている。さまざまな駅の改良計画に対して、投資家に投資を募り具現化させるというもので、「駅インフラの株式化」ともいえるものである。単に商業施設を挿入して採算性を高めるレベルに留まらず、駅そのものを一種の商品として扱う画期的手法である。ドイツを訪れた際にタイミング良く投資家に向けた展示説明会がベルリン建築家センターで開催されていたが、そのプロジェクトの壮大なスケールに圧倒されたのを今でも鮮明に覚えている。

fig.7
パリ北駅（パリ、フランス）：ユーロスターなどによる乗降客の増加に伴い改造された駅空間。列車の停止位置を移動してコンコースを拡大し、2層の商業・サービス施設を増設している

fig.8
リバプール・ストリート駅（リバプール、イギリス）：周辺の再開発と連動する形で改造された駅空間。コンコースにはガラスのチューブが挿入され、その中には商業施設などがレイアウトされている

fig.9
ビクトリア駅（ロンドン、イギリス）：ガトウィック・エクスプレスなどの利用客増加に対応して改造された駅空間。コンコースには店舗が増設され、ガトウィック空港のチェックイン施設も設けられている

fig.10
チャリング・クロス駅（ロンドン、イギリス）：旧駅舎の両サイドに構造体を増設し、大スパンのメガストラクチャーで覆い、線路上空に巨大な宮殿をつくり出した。エンバンクメント・プレイスと呼ばれるこのコンプレックスは、オフィス、ショッピングセンター、サービス施設などで構成され、また、駅に付随していた旧来のホテル機能も残されている

fig.11
モンパルナス駅（パリ、フランス）：駅のホーム上空を覆う巨大な人工地盤の上の開発。広場の下を列車が走る。中央奥に見えるのはモンパルナスタワー

日本から学ぶヨーロッパ

日本における駅のリノベーションは、民営化以前からの経験を蓄積し、さまざまな手法を編み出してきた。単なる商業施設の複合化に留まらず、「駅コン」をはじめとしたコミュニケーションの空間を提供したり、温泉施設や図書館、ギャラリーなどとの融合を図ったりと、現在はある意味で成熟期に入っているのかも知れない。また、日本は新幹線駅をはじめとして戦後に建設された新駅の数はヨーロッパと比べて圧倒的に多いということだが、その点でも関係する人々が持ち得たノウハウは決して少なくない。日本はこうして多くの駅建築を経験し、単なる駅の商業化を超えて、現在は駅の本質を語り合うまでに進化している。

筆者はドイツの鉄道関係者との懇親の場で、彼らがそうした日本から得ているヒントは少なくないことを聞いた。また、最近では海外の鉄道関係者が日本の鉄道建築に関係する機会も増えてきており、日本とヨーロッパ諸国とのこうした相互に刺激し合う関係が増えてきている。そうした中で、彼らは彼らの持つアイディアとセンスで日本を学び、独自のアイデンティティを形成しつつ、これからも変貌していくことだろう。

3A-2
スケッチブック

スケッチ1、2、3、4——　スケッチ5——
小島正直／株式会社交建設計　伊藤彰人／株式会社交建設計

スケッチ1 —— ロンドン・ジュビリー線の光

ロンドンで世界初の地下鉄が走りはじめてから約100年が経ち、現在では11路線が大都市ロンドンの地下を網の目のように結んでいる。21世紀を迎えるミレニアムプロジェクトの一環としてジュビリー線（Jubilee Line）の延伸工事が完成し、その存在は、最古の地下鉄の中での最新の地下鉄路線として異彩をはなっている。WestminsterからStratford間の11駅は今まで地下鉄路線があまり発達していなかったテムズ川南側を結んでいる。そして、その各駅は新進の建築家たちの手によって個性的なデザインを身にまとっている。そのデザインは決してうわべ、表面的なものでなく、利用者の動きや感性に訴えかけ、日本では制度上の問題などから努力しても大変困難な、土木、建築の枠を超えた空間構成を実現している。また、鉄、石、ガラスを多用した近未来的駅空間のデザイン、はじめてのホームドアの採用等の新しい試みが数多くなされており、さながら新世代地下鉄の見本市会場のようでもある。

効果的な光の演出

地下から地上に向かうアプローチには各所に光の演出、特に外光の効果的な演出が仕掛けられている。

Southwalk 駅のホームを降りて通路を抜けると現れる空間。照明がこれから進むべき方向を指し示してくれる。ここから階段、エスカレータによって上のフロアへと昇っていく

さらに上昇すると、青いガラス質パネルで覆われた壁面に外光が降り注ぐ空間へ。地上が近づいていることを実感する

Canada Water 駅では地下のコンコースまで十分な外光が降り注いでくる

光の源はガラスのシリンダー。地下からはこのシリンダーの中を移動して、地上へと導かれる

シリンダーの中を上昇していくと、徐々に地上へと出て行くのだという実感が視覚的にも印象づけられる

ジュビリー線の地下駅では、各所でふんだんに自然光を取り入れた空間に出会うことができる。そして実際に電車から降りて地上に向かって移動していると、それが単なる演出に留まらず、光が駅空間の重要な要素を担っていることが実感できる。

わかりやすい動線

地下駅を利用する際に感じることは、「今、自分がどこにいるのか」、「今、自分がどの位深い所にいるのか」がわからなくなることである。利用者は出口を示すサインに従って地上へと誘導されていく。ジュビリー線を利用すると、サインに頼らずとも自然と地上に向かっていくことができる。それを手助けしているのが光の効果である。光に向かって歩いていけば、自然と地上に出る。このことを最も実感できるのがCanary Wharf駅だろう。

ホーム階からひとつ上のコンコース階にでると目の前にとび込んでくるのが、正面の奥に地上から降り注ぐ外光と地上へとつながるエスカレータ。普段利用している利用客だけでなく、初めて訪れた旅行者でもサインに頼ることなく、「あそこが出口だ」とすぐ認識することができる

光に導かれてエスカレータに辿りつくと、その空間全体を大きなガラスのキャノピーが覆っている。その中を、エスカレータが地上へ向かってのびていく。自然と足は地上へと向かう

サインなしではなかなか認識されにくいのが地下駅。新しく開発されたドッグランド地区の中で、そのユニークな曲面形状の大きなキャノピーが、駅の存在を、そして街のランドマークとしての存在をアピールしている

非常にわかりやすい動線は、光の演出によることも大きい。しかし、そのためには光を奥まで導く、または遠くからでも光を見通せるダイナミックな空間自体が必要になってくる。

土木と建築が融合したダイナミックな空間

地下駅ではまずトンネルを掘り、その後で駅をつくるといった一連の作業の流れから、建築のデザインはどうしても最初につくる土木構造物に制約を受けてしまうことになる。日本の場合、どうしてそうなったのかの理由は別にして、土木の設計と建築の設計はひとつの建物（鉄道）の中にあっても、なかなか相互交流しながら進めていくのが難しいのが現実である。一方、海外の場合はそのような垣根があまりない。

Canary Wharf駅のホームは、非常に高さのある空間であるため、上階のコンコースに向かうエスカレータを遠くからもはっきりと確認することができる。ホーム全体は決して明るくはなく、逆にそれによって上から差し込む光がエスカレータの位置であることを強く印象づけている

コンコース階に上がると、そのダイナミックな大空間はより一層の迫力をもって迎えてくれる。正面奥の降り注ぐ外光によって、地上への出口だということをすぐに認識することができる

コンコース階を見下ろすと、空間の大きさが実感できる

光の中を5本のエスカレータによって絶え間なく乗客が出入りする光景は圧巻

駅は広くなっても車両の大きさは変わらない

昔の断面の小さなトンネルを走るためにロンドンの地下鉄の車内は大変狭い。両側に人が座ると通路がほとんどないので、ラッシュ時のドア付近の混雑は大変なものになる

ジュビリー線の各駅はそれぞれのマスター・アーキテクトが土木構造物の設計段階からプロジェクトに関わることで、光の演出や明快な動線を引き出すことのできる空間をつくり上げることを可能にしている。

スケッチ2——改札アラカルト

電車に乗るときは切符や定期を持ち、改札を抜けてホームに出る。この「改札を抜ける」といった行為は、昔の有人改札でも最新の自動改札でも変わることはない。地方の無人駅にでも行かない限り、日本においては改札のない駅というのはほとんど存在しないだろう。ところが、場所が変われば品も変わる。改札システムや切符のシステムも国や鉄道の種類によって随分と違うものである。

開いている・閉まっている

日本の自動改札の場合、多くは普段開いていて、何か引っかかった時にゲートが閉まる方式が多い。

ロンドンの地下鉄の改札風景。改札ゲートは普段は閉まっており、切符を投入した時に開く仕組みになっている。投入した切符はゲートの手前のスリットからすぐに出てきてゲートがパタンと開くといった具合になっている

ストックホルムの地下鉄の自動改札。バーを体で押して入るタイプである。日本では遊園地などで見かける3本のバーをガチャガチャと回すあれである

大きな荷物を持っている時、自動改札を抜けるのに苦労した経験はよくある。そんな時、改札脇にスーツケースを通せるスペースがあるとずいぶんと便利である

改札がない

諸外国の中には、改札そのものがない駅も多い。地下鉄のように近郊通勤電車に特化している路線では、日本と同じように改札口があるケースが多いようだが、中長距離列車が発着する駅では改札そのものがない。

コペンハーゲン中央駅の出札コーナー。電車に乗る前にこの窓口、もしくは手前に見える自動販売機で切符を買う

切符を買って進むとすぐにコンコースに出ることができる

コンコースからは直接ホームに降りる階段やエスカレータが設置されていて、この間一度も切符を見せる所はない

駅を跨ぐ上空の道路から直接ホームに降りることができる階段とエレベータ。こんな駅も存在している

改札がないだけでなく、ホームの反対側がバス乗り場というケースもある。スウェーデンのある駅の風景。バス乗り場の向こうに電車が止まっている。バスを降りた乗客は階段を上り下りすることなく反対側にあるホームから電車に乗り換えることができるようになっている

改札がない場合の検札は、ほとんどの場合、乗車後に車掌によって行われる。切符の有効期限もそれぞれ違いがあり、たとえばデンマークの場合には距離によってその有効期限が数時間から１日という具合になっている。当然、その有効期限内であれば何回でも乗り降り自由という訳である。

スケッチ3——空港特急の駅風景

ヨーロッパ各国間を移動する際、網の目のように張り巡らされた航空路を利用することが主となる。当然のことながら空港は市街地から多少離れた場所にあり、そこへのアクセス手段として鉄道は大きなウェイトを占めている。スウェーデン、デンマークの北欧2カ国では、それまで市内から空港までの主要交通機関をバスに頼ってきたが、相次いで中央駅から空港駅までの高速専用鉄道を完成させている。どちらの空港駅もホームから空港ロビーまでのアクセスが非常にスムーズで、とかく荷物が多くなる国際線乗客でもストレスなく移動できるような配慮がなされている。

アーランダ空港／スウェーデン

アーランダ空港は、スウェーデンの首都ストックホルムから北に40キロメートル程離れたところに位置している。ストックホルムからアーランダ空港までは今まで高速バスが主なアクセス機関だったが、数年前にこのふたつを結ぶ専用特急路線が完成した。「アーランダ・エクスプレス」と呼ばれるこの列車は、スウェーデン国鉄（ＳＪ）とは別に、A-Trainという会社が運営している。この路線はイギリスのふたつの企業と、スウェーデンの3つの企業が合同で建設を行い、A-Trainはそれぞれから出資を受けて設立された企業とのことである。

ストックホルム中央駅に設けられたアーランダ・エクスプレス専用ホームは駅の一番外れに設けられている

ホームのすぐ横はタクシー乗り場。そこからは重いスーツケースを持って階段を上り下りすることなくホームまで行くことができる

黄色を基調にした列車は中央駅と空港間を約20分程度で結ぶ

列車内は赤と黄の2色を基本にしてデザインされている。全席自由席で、空港特急らしくスーツケース置き場等も完備されている

アーランダ空港駅には、複数ある空港ターミナルの近くに2カ所の駅がある。駅の空間は列車のデザインと同様に、赤と黄を基調としたシンプルなデザインでまとめられている。トンネル部分は岩をくりぬいた素掘りのままの荒々しさを露出しており、駅のカラーリングとのコントラストが明快。ターミナル地下駅には改札口はなく、ここからエスカレータやエレベータでそのまま空港ロビーに行くことができる

列車の切符はホームに設置された自動券売機で購入する。また、列車内で購入することもできる

ベンチやサインも、ホーム全体が見渡しやすいようなシンプルなデザインでまとめられている

カストラップ空港／デンマーク

カストラップ空港はコペンハーゲンの南東約10キロメートルの所に位置し、日本から北欧に入る場合には、まずこの空港で乗り継ぐことになる。コペンハーゲン市内からこの空港へは従来バスが主体だったが、ここでも数年前に空港ターミナルの地下に駅が新たにつくられ、コペンハーゲン中央駅からの列車が乗り入れている。

壮大な木造トラスがアーチ状に連続する形でホームを覆っているのが圧巻なコペンハーゲン中央駅。ちなみにヨーロッパの駅で「中央駅」と聞くと頭端式のターミナル駅を想像するが、このコペンハーゲンでは東京駅と同じような通過式駅になっている。デンマーク鉄道株式会社（DSB）の特急列車が中央駅と空港駅を結んでいる

空港駅は掘割式の半地下駅。コンクリートを露出したシンプルなデザインでまとめられている

列車から降りた人々は、ホーム上に用意してあるカートなどを利用しながら、動く歩道へと移動していく

ホームに設置された斜行式の動く歩道。ここを上がると、すぐに空港ロビーに出ることができる

緩やかな傾斜の動く歩道。スーツケースなどの重い荷物を持っていても移動しやすい動線計画になっている

空港ロビー内のDSBのカウンター。ここで列車の切符を購入する。カウンター脇にはエレベータも設置されており、バリアフリーへの配慮も充実している

地下の空港駅は空港ロビーを横切る形で配置されている

空港ロビーに直交するガラスのキャノピーは、掘割状の地下空港駅の上部に架けられており、駅のホームに自然光を取り入れている

スケッチ4―― 自転車と駅のつきあい方

通勤や買い物、レジャーにと、私たちの日常生活にとって気軽な乗り物である自転車。最近は「環境にやさしい」、「交通渋滞の解消」といった側面からもその存在が見直されつつある。しかし反面、「交通ルール無視」、「放置自転車」といったマイナスの側面もまた顕在化し、その存在が都市交通に馴染んでいるとは言い難い面もある。また人力で動かすという特性上から、あまり遠距離の移動には適さないという面もある。自転車の歴史が日本に比べて長く、また地形が比較的平坦な地域のヨーロッパ諸国では、それがどのように都市交通機関として機能しているのだろうか？

自転車は車道？歩道？それとも……？

日本では自転車は軽車両に位置づけられ、標識で指示されている所以外は車道を走ることになっている。しかし、実際には路肩には駐車車両があり車道を走るには車との速度差もあり危険性は高い。歩道を走ると歩行者より速度があるため、逆に歩行者に対して危険な存在にもなってしまう。

デンマークのコペンハーゲン市内を走る幹線道路。歩道と車道との間に自転車専用レーンが設けられ、マーキングで明確に区分がなされている

同じ北欧の国スウェーデンのストックホルムでも同じような自転車レーンが設けられている

路肩に駐車帯を設け、その外側に自転車レーン、車道といった明確な走行車線区分によって、駐車車両があっても自転車の通行を妨げることのないような工夫が施されている。このような自転車への配慮は、スウェーデンやデンマークといった北欧諸国に限らず、オランダなどでも充実している

駅前の風景

自転車で駅についたら、まず駐輪場に自転車を置き、そこから電車に乗り換えるというのは日本に限らずどこでも一般的なことだろう。ヨーロッパの国々でも同じことである。

コペンハーゲンのとある駅前の風景。大量の自転車が置かれているが、比較的整然とした印象を受ける

その理由がこれ。駅前をはじめ自転車が置かれる場所には必ず自転車ラックが設けられ、利用者はこれに前輪を差し込んで置いていく

電車に乗ってどこまでも

日本でもヨーロッパでも都市施設の整備の差などの違いはあるものの、自転車そのものの使われ方は同じ。しかし、駅に着いてからの風景には、日本とヨーロッパでは大きな違いがある。

デンマークでは自転車ごと電車に乗ることができる。もちろん日本の輪行のように分解して袋に詰める必要はない。「パーク＆ライド」ならぬ、「サイクル＆ライド」である。これならば自転車のデメリットである長距離の移動が苦手という面を克服することができる

階段がある駅では、自転車を抱えてホームに降りていく光景に出会うことがある。ほとんどの駅ではバリアフリー対応のエレベータが整備されており、自転車もそのエレベータを利用してホームとコンコースを自由に行き来することができる

電車にも自転車を載せることができるスペースが明示され、他の乗客に対して迷惑にならないよう配慮がなされている

急行列車にも自転車を載せることのできるスペースがピクトグラムで明示されている

電車内に持ち込まれる自転車

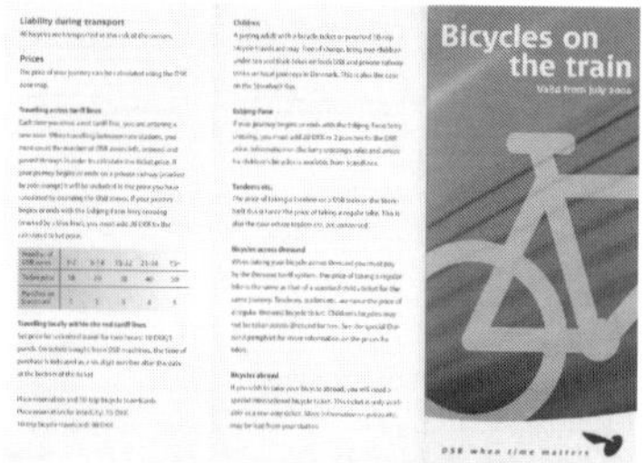

DSB（デンマーク鉄道株式会社）のパンフレット。自転車を電車内に持ち込む際の案内や注意事項が書かれている（出典＝“Bicycles on the train——Valid from July 2000”、DSB when time matters）

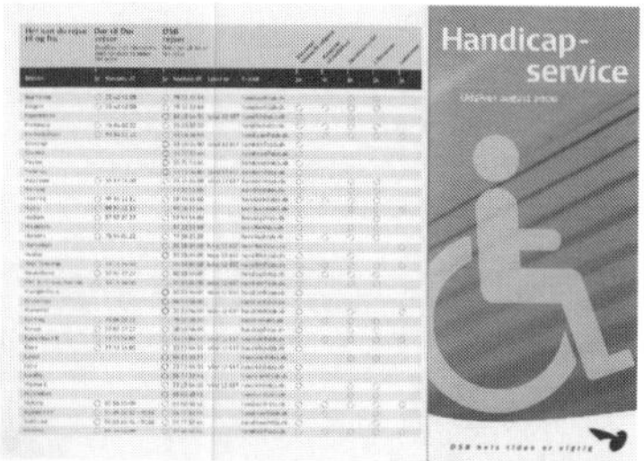

DSBではこれ以外にもさまざまな利用者サービスのパンフレットが駅に備え付けられている。例えば、駅によってどんなバリアフリー設備が設けてあるかが明記された一覧表もそのひとつ（出典＝“Handicap service——Udgivet august 200”、DSB hvis tiden er vigtig）

ヨーロッパの国々ではパーソナルな乗り物の代表格である自転車と、パブリックな乗り物である鉄道が一連の交通手段として非常にうまく融合している。通勤通学などの鉄道に対する依存度や集中度、乗降客数、気候、風土などの面では、当然日本との違いもあり、一概に比較できるものではないが、今後より一層の「環境」への配慮が必要になる中で、自動車に依存せず長距離移動ができ、かつ環境にも優しいこうした交通システムからは見習うべき点も多い。

スケッチ5——駅の「人にやさしいところ」

ヨーロッパの駅では多様な人々が行き交う。若者から高齢者、子ども連れ、ベビーカーを押した人、自転車を利用した人、杖をついた人、車いすを使用した人、外国人の旅行者……。日常における街の近距離移動では、バスや路面電車などの交通手段が利用されることが多いが、近郊への行き来や遠距離の移動では鉄道が活躍することになる。さまざまな種類のハンディを持った人々が行き交う駅では、バリアフリーやユニバーサルデザイン的な配慮がさりげなく感じられる。

まず、日本とヨーロッパでは、駅の形式やシステムに大きな違いがある。例えば、ヨーロッパの大都市では、日本では採用されにくいタイプである頭端式駅が多く見られる。これは交通弱者からすると、駅前の道路や広場からホームまでフラットに移動できるというメリットがある。もちろん、ホームから車両に乗るためには何らかの人的・機械的介助が必要だが、ホームまでの動線としては魅力的だ。また、自動改札機などが設置されないケースも多くあり、重い荷物を持った人や車いすなどの使用者は容易に通過することができる。

わが国と比べると、利用者についても少し違いがあるように思える。例えば、ヨーロッパではベビーカーを押した人や自転車を車両に持ち込む姿をよく見かける。ベビーカーは石畳を通行するせいか、頑丈なつくりのものが多いようであるし、自転車も折り畳み式などではなく、ごく一般的なサイズのものである。さらに、車いすやキャスター付きのバッグなどを利用した場合を考えても、垂直動線への配慮は必要不可欠であると言える。

この他にも、日本とヨーロッパではさまざまな背景の違いがあり、一概に比較できるようなものではないが、参考になるような場面も多く見ることができる。ヨーロッパの鉄道駅における、交通弱者にとっての利用しやすさ、「人にやさしいところ」を垣間見てみたいと思う。

さまざまな人々が行き交うヨーロッパの駅

見通しの良いコンコース

ヨーロッパの地下鉄などでは、コンコースからホームを見下ろすことのできる大きな吹き抜け空間のある駅に出くわすことがよくある。大空間の広がる地下ホームやホームまで光の届く吹き抜けのある地下駅。

ロッテルダムのある地下鉄の駅。ホームへ下りるラチ内コンコースからホームを見渡すことができ、列車の動きや音をホームに下りる前に感じることができる。また、ホームからは階段、エスカレータ、エレベータといった縦動線の配置と行き先を見通すことができる。動線上の次の空間があらかじめ見えたり予測できることは、開放感を感じる以外にも安心感を得ることができ、さらにサインなどに頼らなくとも移動できる可能性が高くなる。誰にとっても快適な空間づくりといえる

ヘルシンキのある地下鉄の駅。ここでも、ラチ内コンコースからホームを見下ろすことができる。この駅では、ホームの上部がすべて吹き抜けにはなってはいないが、メインの縦動線部分に明るい吹き抜けがあることで、地下ホームから地上部分への移動を自然と意識することができる。このような吹抜空間はすべての駅で成立するわけではないが、利用者の動線をサポートする上で大変魅力的な空間構成である

エレベータ、エスカレータは大切！

昇降設備は駅では大変重要な移動手段だ。例えば、階段、エスカレータ、エレベータの3種類の昇降手段がまとまって配置されていると、利用者は動線を理解しやすく、また、昇降方法を選択する上で大変便利である。階段がなくても、エレベータと上下方向のエスカレータがコンコースなどから見渡せる位置にあると利用しやすくなる。エレベータが壁から離れて単独で設置される場合、ヨーロッパではガラスで囲われたシースルーエレベータが多く見られる。周囲への威圧感を抑えることができ、また一目でそれと判断でき、さらに視線をその裏側まで通すことができるため、大変効果的な方法といえる。

視野に入る複数の垂直動線

並列配置された斜行エレベータとエスカレータ。地中深くにホームがある駅では、エスカレータと斜行エレベータが並列している駅もあり、配置的にもとても分かりやすくなっている

ホーム上に設置されたシースルーエレベータ。エレベータ内のカゴもすべてガラス張り。ホーム上で視線が通ることは、危険を回避することや安心感にもつながるようだ

シースルーエレベータの後方へとつづく階段。エレベータシャフトの後方の階段まで見通すことができるため、動線を一見して把握することができる

地上に顔を覗かせる駅のシースルーエレベータ。シースルータイプを採用すると周囲の環境に与える圧迫感などの影響を最小限にとどめることができる

スロープのニーズは高い？

ヨーロッパの街や駅ではベビーカーや自転車を利用する人々をよく見かける。また、杖を使用した人たち、特に腕までが固定されるタイプの杖を使用している人なども日本に比べると多いのではないかと思われる。さらに大都市部や観光地であれば、キャスター付きのバッグを引いたビジネスマンや旅行者も多い。もちろん、車いす利用者もいる。これらのいわゆる交通弱者にとっては、まずは上下移動が最大の難関だろう。無論、どの駅へ行ってもエレベータやエスカレータは整備されている。場所によっては自転車やベビーカー用のエレベータもあるくらいだ。しかし、駅によっては数段の段差が発生する箇所もある。そんな時には多くの場合、スロープが活躍している。階段は、設置できるスペースのあるところでは補助的な機能を担っている。何気ないところであるが、日本ではあまり見られないパターンである。下肢不自由者などでスロープが利用しづらい人々もいるが、適度なスロープは多くの人々の利用を可能にする。特にヨーロッパでは、自転車の利用者が多いことがその大きな要因となっていることもあるかもしれないが、スロープが動線の主役であることは大変魅力的なところである。適度に緩い勾配と、あまり距離を長くとり過ぎないことに注意すれば、スロープは極めて有効に活用できる装置だと言えるだろう。

ロッテルダムの地下鉄の駅にあるラチ外通路の一部。スロープ面を大きくとり、脇の一部分を階段にしている。スロープ部分の床の素材と色彩を変えているのも大切な配慮

床のパターンに変化をつけた駅のスロープ。2段手すりも設置されている

視覚障害者の歩行をサポート

日本で考案されたといわれる視覚障害者誘導用ブロック（以下、誘導用ブロック）は近年、国や地域によりその形状を変え、また場所によっては日本のものと酷似したものが、各国で敷設し始められている。

アムステルダム中央駅から伸びている誘導用ブロック。アムステルダムやロッテルダムなどの大都市では、駅前から他の交通機関への誘導のサポートに用いられている

誘導用ブロックには、いくつかの種類がある。素材はゴム系、石系、コンクリート系、金属系などで、形状についても独特のものもあれば、日本のブロックと似たものもある。特によく見かけるのは、ゴム製の警告用のブロックと波板表面形状のコンクリートブロック製の誘導用のブロックを組み合わせたもの。基本的に、視覚障害者誘導用ブロックは歩行者を誘導するための誘導用のブロックと、注意を促す警告用のブロックから構成されている。石畳の多いヨーロッパの地域では、固いものよりも逆に柔らかい素材が注意を喚起しやすいという考え方なのかもしれない

階段は安全に

階段まわりにもいくつかの「やさしさ」への工夫が見られる。ホーム上の階段では、高欄にガラスを使用しているケースが多く、これはシースルーエレベータの場合と同様、ホーム上での見通しの確保と同時に、ホームの圧迫感の減少に効果を発揮している。また、階段の段鼻にはどの国でもずいぶん気を配っているようだ。段鼻に白や黄色のラインを入れたり、段の端だけを塗装してみたり、デザイン的にポイント状のものにしてみたり……。なかなか注意喚起のデザインというのは難しい。

ポイント状の注意喚起のデザイン

階段の段鼻両端部に黄色で注意を促している

階段の踏面の輪郭を際立たせるため、白いラインを用いている

ホーム端部の注意喚起！

ホーム端部の注意を促したいという考えはヨーロッパでもみられ、駅ごとにさまざまな工夫をしている。例えば、ホーム端部を白などの明るい色彩にする方法はよく見られるが、表面が岩肌のブロックを用いたり、黄色のラインを入れたり、丸い形状のドットを並べてみたり……。やはりどの国でも、ホーム端部の注意喚起には気を配っているようだ。

ホームの端部に黒いドットを並べたデザインのオランダのある駅。シンプルではあるが、端部の床の色彩とドットとのコントラストで注意を喚起している

岩肌のブロックを効果的に配置したフィンランドのある駅のホーム。視覚的というよりもむしろ触覚的に表面の粗さが注意を喚起する。この手法は街の中でもよく見られる

ベンチで休憩

休憩や待合いのための設備は、利用者にとって大切な駅の構成要素だ。ヨーロッパでも基本的には、ホームやコンコースなどにはベンチが設置されている。さらに拠点駅になると、ホーム上にも広い待合いスペースが設置されている場合もある。シンプルな形態のものが多いので、ベンチ自体には特別な機能を見ることは少ないが、デザイン的に洗練されたものが多い。特に近年整備された駅では、その傾向が強い。

手すりのあるシックなベンチ

もたれ掛かることのできるベンチ

繊細で軽やかなベンチ

分かりやすい！ ピクトサイン

ヨーロッパでは、自転車やペットを車内へ持ち込むことができるため、車両ドア付近にピクトサインによってその可否が表示されている。例えば、「自転車、車いす、ベビーカー、ペット」のようなサインがあり、専用スペースのある車両や乗車可能な車両が表示されている。車両に乗り込むと、体の不自由な人々への優先席がピクトサインで示されている。また、メトロの場合、ホームと車両床との段差があまりない場合も多いので、人々はスムーズに乗り込むことができる。

ピクトサインの例

スウェーデンの空港へ向かう車両内。一角には車いすやベビーカーを置く専用のスペースが確保されている

3B ブルネル賞とワトフォード会議

山田一信
社団法人 鉄道建築協会 国際委員会 元委員長
(日本鉄道建設公団 設備部 建築課長)

ブルネル賞の概要

ブルネル賞は鉄道デザインを対象とした唯一の国際コンペの名前であり、その歴史は1985年に溯り、2001年で第8回を数えた。この賞は、ヨーロッパの鉄道建築家及びデザイナーの集まりであるワトフォード会議(1963年設立)によって、イギリス鉄道150周年を記念して創設されたもので、名称はイギリスの偉大なエンジニアで発明家、建築家でもあったアイサム・キングダム・ブルネル(1806－1859年)の名前から付けられた。ブルネルは、グレート・ウェスタン鉄道の創設者であり建設者でもあり、その時代の先端を行くリーダーであった。彼の設計した建物等は今もその形をイギリスの鉄道施設に見ることができる。代表的な作品は、当時の時代の先端であったビクトリアン様式で設計されたロンドンのパディントン駅である(fig.1)。

ブルネル賞のコンペティション(以下、コンペ)は2～3年毎に開催されており、毎年ヨーロッパ各国(アメリカ含む)で持ち回り開催されるワトフォード会議という国際会議の開催国が、コンペの事務局機能を担うことになっている。事務局はブルネル賞に関するすべての権限を有し、コンペ応募要綱の決定、応募要綱の送付、応募作品の受付、選考委員会の運営、選考事務、受賞者への通知、賞の授与式の運営等、全責任を負い準備にあたっている(fig.2)。なお、ブルネル賞への参加資格は、鉄道事業者、一般輸送鉄道サービスを行う組織、インフラ管理者、鉄道事業の責任を負う中央または地方政府、国際鉄道組合(UIC)・アメリカ鉄道協会(AAR)・国際公共輸送組合(UITP)に所属する企業の他、ワトフォード会議のメンバー企業となっている。申請者はそのプロジェクトに関係した者で、仕事の契約受託者、施主または建設や建造の監督または管理者が行う。

ブルネル賞の第1回授賞式は、1985年イギリスのブリストルでエリザベス女王2世の臨席を得て開催され、14のブルネル大賞と17の推薦が8社の鉄道会社に贈られた。第2回は、1987年オーストリア連邦鉄道150周年を記念しウィーンで開催、100のプロジェクトがエントリーされた。第3回は1989年、オランダ鉄道150周年を記念しユトレヒトで開催、137作品がエントリーされた。この年に日本も初参加し、「駅からマップ」(JR東日本)がグラフィックデザイン部門で大賞を受賞し、また新橋駅チップ制トイレ、保津川五橋、東京ステーションギャラリー等も入賞した。その後、ヨーロッパや日本での巡回展を行い、その年の10月に日本で開催された鉄道デザイン国際会議に華を添えた。第4回は1992年スペインのマドリッド、アトーチャ駅で開催。ヨーロッパ、アメリカ、日本から35社235作品がエントリーされた。スペイン鉄道50周年記念やマドリッド〜セビリア間高速路線開通、オリンピック、セビリア万博を祝い、ソフィア女王の臨席で授賞式が行われた。1994年には第5回がアメリカのワシントン・ユニオン駅構内で行われ、入賞したアムトラックのAMD103ディーゼル機関車等が構内におかれて華を添えた。17カ国46会社269作品という今までにない多くのエントリーがあった。この年日本は、ブルネル賞大賞、推薦あわせて8件と多くの入賞を果たした。スイス連邦鉄道の11件に次ぐものであった。この年から贈られることになった最優秀団体賞は、スイス連邦鉄道に贈られた。1996年には第6回がデンマークのコペンハーゲンで開催。225作品のエントリーがあり、11の大賞、29の推薦があった。最優秀団体賞はフランス国鉄に贈られた。1998年の第7回は、スペインの鉄道敷設150周年を記念し、マドリッドで開催。17カ国27会社198作品の参加があった。最優秀団体賞は、スペインのビルバオ地下鉄

fig.1
パディントン駅（設計＝アイサム・キングダム・ブルネル、ロンドン、イギリス、1838年）

fig.2
ブルネル賞の2001年コンペ募集要綱パンフレットの表紙（出典＝“Call for entries”,The 2001 Brunel Awards International Design Competition、Brunel Awards 2001, SNCF）

に贈られた。2001年には第8回がフランスのパリのリヨン駅構内で開催（fig.3）。17カ国36会社215作品のエントリーがあった。9の大賞、14の推薦があり、最優秀団体賞はデンマークに贈られた。

ユニークな国際コンペ

ブルネル賞の選考は、概ね次のような項目について評価基準を設けて行われる。

(1) 機能性
(2) 構造的な明快さ
(3) 経済性
(4) 耐久性
(5) 保守性
(6) 将来性
(7) マルチモーダリティ
(8) 社会、環境に対する配慮
(9) ランドスケープ

さらに、建築のデザイン評価については、次のような評価項目もあると聞いている。

(1) 魅力的な建物であるか
(2) おかれた環境の中で、街の景観等と融合しているか
(3) その地域における鉄道のあり方を特徴的に表現しているか
(4) 到着する旅客に良い印象を与えるか
(5) 使用者（旅客、訪問者、社員）に対し、親しみのもてる魅力的な空間が提供されているか
(6) 耐久性やメンテナンスのしやすさのある適切な材料を採用しているか
(7) デザインが今後の流行の先駆けとなるものであるか

コンペの出品分野・カテゴリーの設定については開催国に任されており、その時々

fig.3
リヨン駅構内での授賞式のパーティ風景（第8回パリ開催時、2001年）

で少し異なる場合があるが、主な構成は以下の通りである（第8回パリ開催時の例、2001年)。

(1) 分野A——建築
A1：停車場、上家
A2：小駅・新設
A3：大駅・新設
A4：小駅・リニューアル
A5：大駅・リニューアル
A6：駅以外の鉄道関連建物
A7：インテリア
(2) 分野D——グラフィックス・工業デザイン・アート
D1：グラフィックデザイン、時刻表、切符、サイン、広告等
D2：ユニフォーム
D3：駅備品
D4：アート
(3) 分野E——エンジニアリング・環境
E1：土木、橋梁、高架橋、トンネル等
E2：ペデストリアンデッキ、地下道、その他プラットホームにアクセス
E3：鉄道施設と環境の調和、ランドスケープその他
(4) 分野M——車両
M1：長距離列車・新造・リニューアル
M2：短距離列車・新造・リニューアル
M3：その他列車・新造・リニューアル
M4：貨物車両、その他保守車両等
M5：機関車

このコンペのユニークさは、出品分野・カテゴリーからも分かるように、鉄道デザイン全般を対象としていることである。その分野は極めて広く、鉄道駅や車両のデザイン分野をはじめ、グラフィックデザインや工業デザイン、アートまでを対象にした分野、土木や環境を対象にした分野もある。車両にしても単に旅客列車のみならず、保守用車等あらゆる車両を対象にしている。

また、ブルネル賞授賞式で配布される出品及び受賞作品をまとめたカタログは、100ページ弱のカラー写真による作品案内であると同時に、ブルネル賞の歴史そのものともいえる貴重な冊子である（fig.4)。受賞作品の評価も掲載されており、ぱらぱらと流し読むだけでも楽しく、眺めているだけでもデザインの潮流を感じさせる(fig.5、6)。

fig.4
第8回ブルネル賞カタログの表紙（2001年、パリ）
(出典＝8th Brunel Awards International Railway Design Competition,Paris 2001：SNCF Agence d'étude des gares)

ブルネル賞にみる世界の駅デザイン

1996年デンマークで開催された第6回ブルネル賞のA3カテゴリーでは、イギリスのウォータールー駅が大賞（fig.7)、フランス国鉄のシャルルドゴール空港駅が推薦(fig.8)、A2カテゴリーでは、ノルウェー鉄道のサンドビカ駅が大賞、JR東日本の磐城塙駅、JR西日本の二条駅が推薦、A1カテゴリーでは、ドイツ鉄道のバンスタイダッハ駅が大賞を受けた。

1998年スペインで開催された第7回ブルネル賞のA3カテゴリーでは、ポルトガルのリスボン駅が大賞を受賞した。土木と建築のダイナミックな融合を図るS.カラトラバの設計で、「周囲の街の復活を後押しする複合機能をたっぷりと盛り込んだ、堂々としたデザイン」との評。A2カテゴリーでは、N.フォスターが設計したスペインのビルバオ地下鉄のサリコ駅が大賞を受賞し、「統一感のある現実的・一元的・構造的な処理がされた駅」と評されている。また同じカテゴリーで推薦を受けたオランダ鉄道のロンバルディン駅は、「気品のある大きさ、適度なデザイン、手短かに言えば意にかなった建築」といった評がされている。

2001年フランスで開催された第8回ブルネル賞のA3カテゴリーの新設・大駅では、フランス国鉄のTGV地中海線のアビニヨン駅が大賞を受賞した（fig.9)。「光や風といった環境上の要素に対し、視覚的にも形状的にも強くて美しい造形美」というのが審査コメントである。パリ行きホームに沿ったホーム延長と同じ長さの待合コンコースは、南側（広場側）の光の強い壁面は緩やかなカーブの形状の石張りコンクリートシェル。一方、ホーム側は緩やかなカーブのガラスで覆われており、空港の搭乗ラウンジのような豊かな空間のコンコースとなっている。コンコース内で待つため、パリ行きホームには上家がない。A2カテゴリーの新設・小駅では、オーストリア鉄道のアントン駅が大賞を受賞した(fig.10)。雪の多い山岳地方の小駅である同駅は、「自然に対する壁という大変力強いコンセ

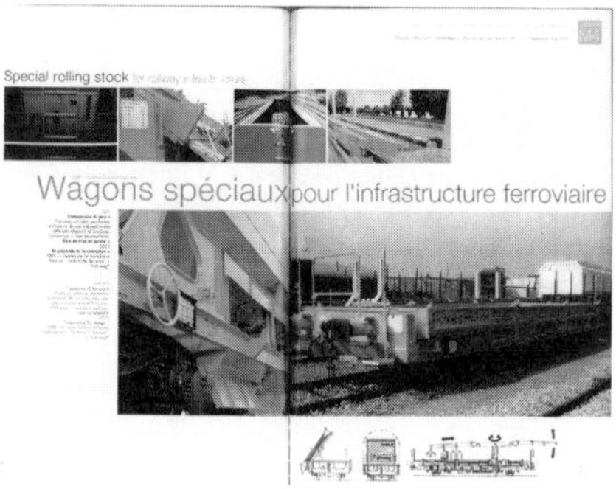

fig.5
M4カテゴリー大賞作品（第8回ブルネル賞、2001年、パリ）のカタログでの紹介誌面：
Special rolling stock for railway infrastructure,2000,ÖBB Austrian Federal Railways
──オーストリア鉄道の保守用車は、荷揚げ荷卸しに便利なクレーンを搭載し、重量物や砕石等の運搬にも便利な機能を備えた、極めて実用的かつ多機能な車両
（出典＝ Brunel Awards International Railway Design Competition,Paris 2001：SNCF Agence d'étude des gares）

fig.6
D3カテゴリー（第8回ブルネル賞、2001年、パリ）のカタログでの紹介誌面：
Furniture at Kastrup-Copenhagen Airport station, 1998,A/S Øresundsvordindelsen with DSB and Banestyrelsen,Denmark
——デンマーク鉄道のカストラップ空港駅のファニチャー。快適でエレガントで堅牢、メンテナンスがしやすく、さらには美術館的品格をもつものと評価された（出典＝8th Brunel Awards International Railway Design Competition,Paris 2001：SNCF Agence d'étude des gares）

fig.7
ウォータールー駅（設計＝ニコラス・グリムショウ、1994年）

fig.8
シャルルドゴール空港駅（設計＝ポール・アンドルー、1994年）

fig.9
A3カテゴリーのカタログでの紹介誌面：
Avignon TGV station,2001,SNCF French National Railways（出典＝8th Brunel Awards International Railway Design Competition,Paris 2001：SNCF Agence d'étude des gares）

fig.10
A2カテゴリーのカタログでの紹介誌面：
St. Anton am Arlberg station,2001,ÖBB Austrian Federal Railways（出典＝8th Brunel Awards International Railway Design Competition, Paris 2001：SNCF Agence d'étude des gares）

プト。メンテナンスの必要性を減ずるように熟慮してデザインされており単純かつ美しい建物」というのが審査コメントである。A１カテゴリーの上家は、大賞はなかったがオランダ鉄道のボクテル駅が推薦受賞となった（fig.１１）。「シンプルかつエレガントに造られた伝統的な上家」との審査コメントである。その他の主な推薦を受賞した作品には、A1でスペイン鉄道のサンタスサナ駅、A3でＪＲ西日本の京都駅ビル、A5の大駅・リニューアルでフィンランド鉄道のヘルシンキ駅等がある（fig.１２)。

日本がこれまでに受賞したものは、別表（fig.１３）の通りである。電車をはじめ、駅やパンフレット等多種のもので受賞している。最新の第8回のブルネル賞では、A3カテゴリーでJR西日本の京都駅ビルが推薦を受けた。「これまでの大きな駅という概念を超えた、巨大にして複合的な都市としての駅」というのが審査コメントである。また第6回のブルネル賞でも磐城塙駅、二条駅などが推薦を受けている。建築ではないが、第８回のM1カテゴリーでJR九州の特急「かもめ」、またM2カテゴリーでJR九州の通勤電車「815系」が大賞を受賞しており、列車部門については今までにも多数の大賞受賞がある。

ワトフォード会議の歴史と空気

ワトフォード会議は、イギリス、オランダ、スウェーデンの鉄道会社の管理部門に所属する建築技術者やデザイナーが中心になり、鉄道に関する経験や考え方等情報交換を行う目的で集まったのがそのはじまりである。1963年に最初に開催されたイギリス南部の町の名前にちなんでワトフォード会議と命名された。以来40年近い歴史を刻んできたが、1988年まではストライキのあった3年を除き毎年イギリスがホスト国となって行われてきた。この会議によって生み出された交流をきっかけに、会議以外の期間にもメンバー間での情報交換が行われるようになった。

代表的な年を振り返ってみると、1989年に初めてイギリスを離れスイスのルガーノで開催されたが、この年は当地で国際輸送会議が開催されていたため、ワトフォード会議にも8カ国24団体が参加した。そしてこの時に、ワトフォード会議開催を各国の持ち回りとすることが決定された他、最初の「ワトフォード会議 設立理念」を起草した。

1990年には第25回のワトフォード会議をフランスのマリコーンで開催、12カ国44名が参集した。ここでは国際共同宣言「鉄道と都市」が採択された。これは急速に変化する都市環境における鉄道の役割を再評価しようとする試みであった。また、ワトフォードの森のシンボルであるヒマラヤ杉をワトフォードグループのロゴマークとすることとした。

1992年はスペインのアルコスで開催されたが、この年にアメリカが新メンバーとなった。それまでは欧州諸国の代表者によって構成された組織であったが、欧州以外の国の参加も認めることとなった。1994年は初めてヨーロッパから海を渡り、アメリカのウィリアムスブルグで開催され、その年

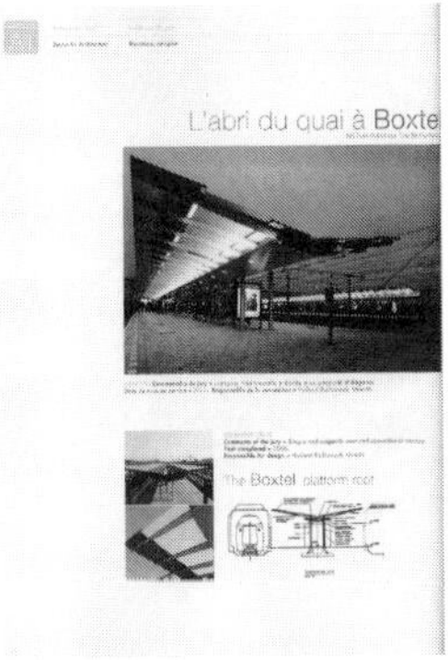

fig.11
A1カテゴリーのカタログでの紹介誌面：
The Boxtel platform roof,2000,NS Railinfrabe-heer, The Netherlands
（出典＝8th Brunel Awards International Railway Design Competition,Paris 2001：SNCF Agence d'étude des gares）

fig.12
A5カテゴリー（大駅・リニューアル部門）の受賞作、フィンランド鉄道のヘルシンキ駅

回数	開催都市	部門	区分	大賞	推薦
第1回（1985）	ブリストル				
第2回（1987）	ウィーン				
第3回（1989）	ユトレヒト	建築	その他建造物		パウザ・ディ・クロマ（新橋チップ制トイレ）（JR東日本）、保津川五橋
		デザイン	アート		とうきょうエキコン 、東京ステーションギャラリー（JR東日本）
			グラフィック	駅からマップ（JR東日本）	
		車輌	短距離		651系 スーパーひたち（JR東日本）
第4回（1992）	マドリッド	車輌	短距離	253系成田エクスプレス（JR東日本）	
第5回（1994）	ワシントン	建築	新築小駅		新千歳空港駅（JR北海道）
		デザイン	ファニシング		新千歳空港駅（JR北海道）
			ユニフォーム		つばめの乗務員服（JR九州）
		車輌	長距離	281系 はるか（JR西日本）	
				787系 つばめ（JR九州）	
					255系 さざなみ（JR東日本）
					23000系 伊勢志摩ライナー（近鉄）
			短距離		209系 通勤型車輌（JR東日本）
			その他		改造 お座敷列車（JR東日本）
第6回（1996）	コペンハーゲン	建築	新築小駅		磐城塙駅（JR東日本）、二条〜花園駅（JR西日本）
		デザイン	アート		ソニックの動く彫刻（JR九州）
			グラフィック		会社案内と列車のパンフレット（JR九州）
		車輌	長距離	883系ソニック（JR九州）	
			短距離		E217系 通勤型車輌（JR東日本）
			その他		保守用車のカラーリング（JR東海）
第7回（1998）	マドリッド	車輌	長距離		500系 新幹線車輌（JR西日本）
					285系 サンライズ寝台列車（JR西日本）
第8回（2001）	パリ	建築	新築大駅		京都駅ビル（JR西日本）
		車輌	長距離	885系かもめ（JR九州）	
			短距離	815系近郊車輌（JR九州）	

fig.13
ブルネル賞における日本の受賞作品一覧

にカナダも参加することとなった。

日本からは1996年デンマークのフュン島のミドルファートで開催された会議に、ホスト国の招きでゲストとして初めて参加した。1998年には日本からも鉄道会社のメンバーで構成する派遣団が会議に正式参加できるような働きかけを行い、1999年の会議主催国であるハンガリーから会議への招待を受けることができた。この時の総会で、日本はワトフォード会議の正式メンバーとして正式に承認され、2000年のスウェーデンでの会議からは、正式メンバーとして参加している。

会議のスケジュール等の骨格については年初に、運営の中心メンバーであるフランス、オランダ、デンマーク及び開催国のメンバーが集まって決定している。そこで決まった基本方針に沿って、内容については開催国が趣向を凝らし、例えばその国の最新の鉄道駅周辺の開発事例を視察したり、会議の開催地の設定についてはリゾート的な地方の町を選定したり、小旅行で周辺の観光地や歴史的な建物を視察したり、夜は夜でその国、地方のアミューズメントを組込んだ懇談の場をセットし、徹底的に飲んで歌って語り合うのが通例である。

会議には毎年10カ国を越える国から50～60名の参加があり、ホスト国の司会で会議や行事が進められる。会議と銘打っているがもともとデザインワークショップ的なイメージで、会議期間中の雰囲気は、毎年ほぼ同一のメンバーが参加することもあって、開会式では再会を祝し旧交を温め合い、会議の合間のティータイムやディナーでは世間話や仕事の話に盛り上がる等、極めてフランクかつ友好的なものである。日本の派遣団は、数人を除きほとんどのメンバーが入れ替わるため、少々違和感があるのが残念である。

会議は概ね3泊4日の日程で開催され、大きくは毎年設定されるテーマ部門と各国各社の独自のテーマやプロジェクト発表を行う部門の2つのセッションで構成されている。

2000年のスウェーデンの会議では“One passenger-one station-trains belonging to many companies”（ひとりの旅客・ひとつの駅・多数の鉄道会社が運行する列車）がテーマであった。これはヨーロッパ各国の鉄道が分割・民営化され複数の鉄道会社や保有会社に分割され、鉄道利用客にとって駅が分かりづらいものになってきているという現状を反映しテーマとしたものである。このような状況下で、民営化された各社の存在を主張しつつも、駅全体の掲示や切符販売等を分かりやすくする努力が続けられており、その取組みについて各国が発表し議論を行った。

2001年のフランスの会議では“Reference projects, handbooks, guide-lines, databases, etc.: How to develop, communicate, teach and maintain quality standards and visual identity elements throughout an ever changing railway company?”（情報源としてのプロジェクト、参考書、ガイドライン、データベース、その他：変革し続ける鉄道会社において、質を定める基準やビジュアルなアイデンティティをいかに高め、

他人に伝え、教育し、維持していくのか？）がテーマであった。

これとは別に各会社が取り組んでいるテーマやプロジェクトを発表する場もあり、駅や車両を中心に、新駅、改修計画、デザイン等についてそれぞれの取組み状況を披露している。テーマが極めて身近なものであると発表の最中に質問が飛んでくることもあるが、その場で発表者が即答するといったフレキシブルな対応が行われたり、ひとりで出席している国が発表する際には別の国の人がスライド等の操作を手伝うなど友好的な雰囲気で会議は進められる。

日本への影響と日本の役割

日本から会議に参加して各国の議論に耳を傾けていると、鉄道業として抱える悩みや分割民営化の荒波の中で変遷していく鉄道会社が抱える問題には、日本と共通のものが色々あることが分かる。2001年のテーマに見られるように、乗客にとって大事なことは、運営会社が違ってもひとつの列車または乗り継ぎでいかに早くバリアなしに目的地に行くことができるかであるが、日本でも運営会社が入り組んだ駅では各社のアイデンティティと分かりやすさを同時に確保するシステムづくりは容易ではない。

また同じ悩み・問題点を抱える一方、会議で議論していると文化の違いや鉄道システムの違いから議論が噛み合わず、まず互いの文化・鉄道システムの違いを認識しあって、初めて分かりあえることもある。互いの文化・社会の状況を理解し、鉄道に関する議論を深め、今後は自由に情報交換できる土壌をつくることが、ワトフォード会議に参加する者に課せられた使命と考えている。その際、われわれがヨーロッパに行って駅や鉄道に直に接して初めて理解できたことが多々あるが、ヨーロッパのワトフォードのメンバーも「百聞は一見に如かず」で、日本に来て日本の実状を見てもらうのが、相互理解の上で最上の方策ではないだろうか。

日本の社会、鉄道業界ではまだまだブルネル賞やワトフォード会議に対する認知度は低いと思われるが、人懐っこい各国のメンバーとワトフォード会議に参加した日本のメンバーや鉄道関係者が日本で一堂に会することができ、またブルネル賞も同時に開催され各国の作品に多くの人がふれるチャンスができればと期待するところである。

＊この文章は、『運輸と経済』2002年1月号（財団法人運輸調査局発行）に掲載した、「特集：デザインからみた鉄道事業――ブルネル賞とワトフォード会議」を基にして、同一の著者によって加筆・修正したものである。

インタビュー

サウンドスケープ／駅

庄野泰子

（音環境デザイナー／office shono 主宰）

音によって浮かび上がる駅ならではの面白さ

しょうの・たいこ

青森市生まれ。東京学藝大学大学院修士課程（音楽学）修了。建築、ランドスケープ・デザイン等と関わりながら音環境デザインを手がける。主な作品：小名浜港埠頭整備事業、国営越後丘陵公園、風の丘葬斎場、ビッグハート出雲、ラフレさいたま、府中市美術館などの音環境デザイン。共著書：『波の記譜法――環境音楽とはなにか』（時事通信社）、『メディアの現在』（ぺりかん社）など。共訳書：『世界の調律――サウンドスケープとはなにか』（M・シェーファー 著、平凡社）、『インターメディアの詩学』（D・ヒギンズ著、国書刊行会）。受賞：ar+d Award 最優秀賞、日本建築美術工芸協会AACA大賞、日本商環境設計家協会JCD特別賞など。

見知らぬ者同士がホームでセッション

印象的な駅の音環境デザインといえば、米国ボストンの地下鉄レッドラインのケンドール駅の例があります（fig.1、2、3、4）。上下線の線路の間に金属製のパイプがいくつも吊り下げられていて、さらに各パイプにはそれを打つハンマーが1個づつ吊り下げられています。両側のプラットホームの壁にはそれを遠隔操作するハンドルが設置されていて、電車を待つ人がそのハンドルを動かしているとハンマーがだんだん揺れ始め、大きく弾みがついた時にパイプを叩いて「コーン」と音が鳴るという仕組みです。パイプの長さによってそれぞれ異なる音が、いくつか重なり合ったりしながら響きます。

この仕組みの優れた点は、ハンドルを動かすと必ず鳴るのではなくて、何度か動かしているうちにようやくハンマーに反動がついて初めて音が鳴るというところです。音が出る子供のオモチャなどによくあるように、叩いてすぐに鳴ってしまうと、単に行為に対する反応としての興味に意識が向かってしまう。でも、自分のコントロールか

fig.1

fig.2

ら外れたところで鳴ると、音を待つ時間の中で、音を聴こうとする意識が生まれ、響きそれ自体を感受することができるようになるんですね。

ところで電車がホームに入ってくると当然、パイプの音は掻き消されます。でも電車が出て行ってしまうと、まだ音の余韻が残っていたりします。地下駅はコンクリートの無機質な空間ですが、そこでは音が反響し余韻のある響きを生み出します。地下駅の残響空間、そして電車が入って来てまた出ていくという音の時間軸の変化を、うまく使ったデザインですね。

また線路を挟んでこちら側のホームと向かい側のホームで、たまたま電車を待つために居合わせた見知らぬ者同士が、それぞれのハンドルを動かしてセッションをすることができます。少し離れていて、顔はハッキリ見えないけれど雰囲気はわかる。そうした相手と、一期一会、音を通してひととき触れ合う。駅という場は必ず待つという行為が発生するわけですが、その日常の余白のような時間に、束の間のコミュニケーションを成立させています。

このようにケンドール駅では、駅という場がもつさまざまな特性が音環境デザインにうまく生かされています。

発車ベルはメロディをつければいいというわけではない

例えば新宿駅のような大きな駅で、それぞれの番線の発車時に鳴る音がそれぞれ違っていたら、音が重なったりズレたりして、偶然、面白い組み合わせが聞こえたりする。そのように各番線の違いが認識でき、同時にそれらの重なりを楽しむこともできるベルの提案を、1986年に出版した『波の記譜法』という本の中に書きました。当時の新宿駅はまだ従来の発車ベルが使われていて、その後今のようなメロディベルになったんですね。これには私はかかわっていませんが、少しメロディ過剰のような気がします。もっと音色やリズムでそれぞれの違いを認識できるものがよいと思っています。

メロディベルは他の多くの駅にも広まりましたが、根本的な問題を考え直した方がよいのではないでしょうか。現状ではベルの音は、ホームに通じる階段のところまでも聞こえますが、そのことがまさに駆け込み乗車促進ベルになっているように思います。音で知らされなければ走らないですよ。本当に駆け込み乗車をしてほしくないなら、

fig.3

fig.4

広範囲に音を響かせるべきじゃないですね。電車のドア付近だけで響いていればいいわけです。ですからベルを鳴らすスピーカーを、例えば電車のドアの上、あるいはホームの下に設置するなどして、乗客が乗り込む付近だけに響かせる方が本来の目的にかなっています。ベルと人と空間の関係を分析し、その上でどう音を分布させ、そのためにはどうスピーカーを配置するのか、そういうところから考え直した方がよいのではないでしょうか。そこまで取り組んで、初めて音環境デザインと言えるのだと思います。

駅名アナウンスが引き出す地名の面白さ

海外を列車で旅していると、駅名を告げるアナウンスが旅情を引き立てますが、印象的だった駅のひとつがドイツのボン駅です。男性の低い声で「ボンッ」と一回だけ言う。その男声の低音が、駅名の音ととてもよく合っていたんです。言葉は声に出して言うことで、それがもっている魅力が引き出されることがありますよね。駅名のアナウンスでも、そういう効果をもっと考えてもいいのかもしれませんね。

日本でも昔は、駅員が駅名を告げる独特の調子がありましたよね。そういうものが海外にいると、異邦人として特に魅力的だと感じるのかもしれません。懐古趣味のつもりはありませんが、そのあたりが現代的に見直されて、駅の音環境の面白さにつなげられるといいですね。

地下駅の構造を浮かび上がらせるストリート・ミュージシャン

海外の駅ではよくミュージシャンが生演奏をしていますよね。それは見慣れた光景なのですが、このあいだパリの駅の地下道で、どこからともなくバッハのバイオリン曲を弾いているのが聞こえてきたんです。そこはいくつかの路線が交わる乗り換え駅で、日本の場合もそうですが、地下通路が複雑に入り組んでいるんです。そのため音は聞こえるけれども、どこで演奏しているかはわからない。地下道を歩いて行くうちにこっちの方から聞こえたり、しばらく行くとあっちの方から聞こえたり、その音は近づいたり、遠ざかったり。まるで迷路に入り込んだみたいで、しかも曲がバッハでしたから、不思議な時空を彷徨った感じでした。多層化し錯綜した空間の面白さというのは、視覚的には分断され見えないものですが、音を通して聴覚体験として捉えることができるんですね。地下駅の複雑な構造を、音は浮かび上がらせるのです。

生演奏といえば、パリでは電車の中でもやっていますね。ミュージシャンが楽器をもって車内に乗り込んで来て、ひとしきり演奏をしてはさっと降りていく。そしてまた別のミュージシャンが乗り込んでくる。これはすごく贅沢ですよね。車内で音楽を聴くことはウォークマンでもできますが、あれは自分が好きな曲をあらかじめセットしておいて聴くわけです。それとは対称的にパリの車内では、乗ってくるミュージシャンによって音楽のジャンルもまったく違うし楽器も違う。そこには偶然の音の出遭いを受け入れていく面白さがあり、そういう機会がもっとあっていいと思います。

現代音楽の作曲家ジョン・ケージは、1972年に「プリペアド・トレイン」による『失われた沈黙を求めて』というパフォーマンスを行いました。彼は1940年代に新しい実験音楽のために、ピアノの弦にいろいろなものを差し挟んで改造した「プリペアド・ピアノ」というものを考案しましたが、それと同様にこの「プリペアド・トレイン」はあらかじめ電車の中にさまざまな音の仕掛けをしたものです。例えば走行中、列車の内・外の音をマイクで拾って流すスピーカーが各車両の天井に取り付けられていたり、演奏家が乗り込んでいてケージの曲を歌ったり、停車駅では始発駅ボローニャの音が流されたり…列車が移動していく中で、乗客が観客となって音楽的な出来事を体験していくのです。

このパフォーマンスをケージは一度しかできなかったけれど、こうした体験を日常的にもできるといいなと思います。日本の鉄道会社も、それぐらい粋なことをしてほしいですね。

都市の速度・構造を体験する場として

鉄道の音に関連したアート作品としては、ビル・フォンタナの「音の再配置」というコンセプトによるサウンド・インスタレーションがあります（fig.5、6）。これは線路が交差する地点８カ所に設置したマイクで、通過する電車の音を拾い、それらの音を電話回線を通して転送し、離れた会場内のス

fig.5

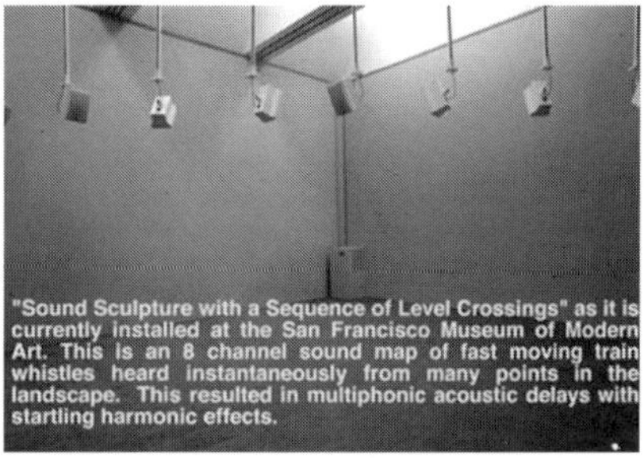

"Sound Sculpture with a Sequence of Level Crossings" as it is currently installed at the San Francisco Museum of Modern Art. This is an 8 channel sound map of fast moving train whistles heard instantaneously from many points in the landscape. This resulted in multiphonic acoustic delays with startling harmonic effects.

fig.6

ピーカーから流すというものです。線路が交差する各地点で電車が発する走行音や警笛は、例えばドップラー効果といった線的な変化だけでなく、さらにそれぞれが空間を超えて、ひとつの会場内で立体的に交差する。そのことによって多次元的な響きの変化が生み出され、都市の移動の構造が聴こえてくることを意図しています。

こういったインスタレーションが駅の待合室などにあったらいいと思います。速度をもって移動すること、通過することは、都市の特性であり魅力でもあります。ですから音環境を含め、そういったことをテーマとするいろいろなアートやデザインが、駅の中でどんどん展開されていくといいですね。

聞き手＝磯達雄／建築ライター

4

駅再生へのフィールドワーク

4A

潜在力をスキャンする

4A−1　ポジション
——点在していること

4A−2　ネットワーク
——つながっていること

4A−3　ロケーション
——そこにあるという状況

4A−4　ピープル
——駅を利用する人たち

4A−5　スペース
——余剰空間と余剰時間

4B

駅にまつわるキーワード80

4A 潜在力をスキャンする

アパートメント+SSC

4A-1
ポジション
——点在していること

日本における駅の拠点数はどれ位なのだろうか。どのような割合で点在しているだろうか。JR、民鉄、地下鉄の総駅数は9,627駅（2000年4月）である。首都圏だけでも2,084駅もの施設が存在し、総駅数の1/5を占める計算になる。都心部、特に東京都などの超過密都市における点在施設としての駅の拠点数はそのまま、多くの人々の生活からの「近さ」を実現している。

ここで特筆すべきは、これだけたくさんの施設が線路とその上を走る電車によって物理的につながっていることである。さまざまな点在施設のなかで駅のみにある大きな特徴といえる。

駅の拠点数

点在施設としての駅の実態を把握する。

►点在施設の拠点数（全国）

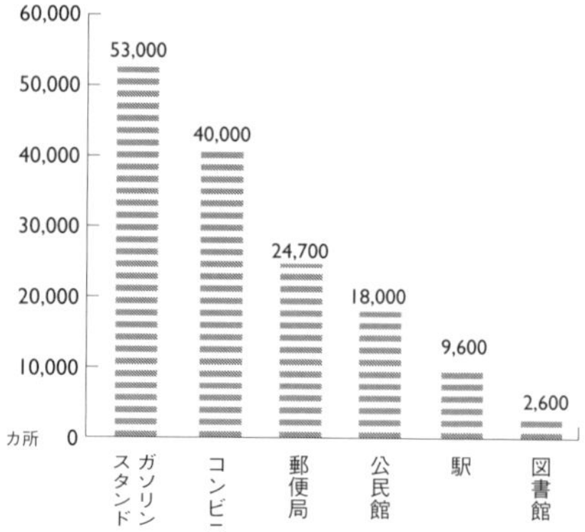

►点在施設の拠点数（東京）

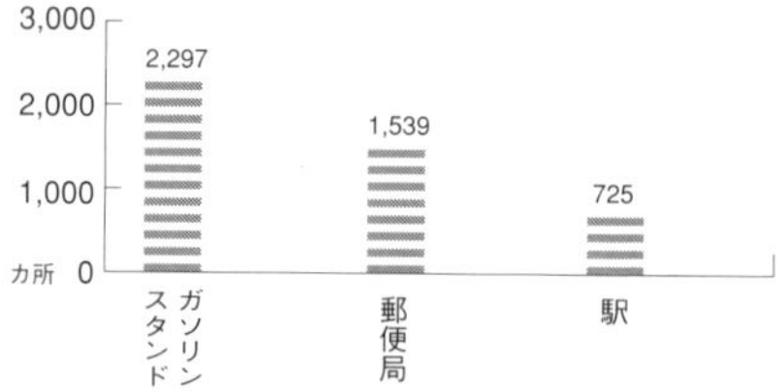

無線による駅でのインターネット接続

無線LANを用いたインターネット接続実験をJR東日本と日本テレコムが2001年9月から開始した。東京駅、新宿駅、渋谷駅、上野駅、品川駅、横浜駅、成田空港駅、空港第2ビル駅、札幌駅、仙台駅で利用が可能で、駅の中の喫茶店や待ち合わせ場所などで、気軽に無線による高速インターネットを体験できる。

JR東京駅メディアコート内の喫茶店

► 都道府県別にみた駅の拠点数

	ＪＲ	民鉄	地下鉄	合計
北海道	478	82	46	606
青森	110	68		178
岩手	160	25		185
宮城	133	24	17	174
秋田	105	41		146
山形	104	15		119
福島	144	44		188
茨城	73	85		158
栃木	46	75		121
群馬	54	84		138
埼玉	73	153	1	227
千葉	154	186	7	347
東京	143	358	224	725
神奈川	110	226	32	368
新潟	193	11		204
富山	55	124		179
石川	37	60		97
福井	61	68		129
山梨	55	17		72
長野	193	88		281
岐阜	60	198		258
静岡	80	143		223
愛知	80	326	76	482
三重	83	158		241

	ＪＲ	民鉄	地下鉄	合計
滋賀	59	59		118
京都	71	135	27	233
大阪	95	312	92	499
兵庫	142	235	16	393
奈良	31	96		127
和歌山	80	52		132
鳥取	63	11		74
島根	92	25		117
岡山	123	44		167
広島	169	102	2	273
山口	143	12		155
徳島	75	2		77
香川	48	49		97
愛媛	83	63		146
高知	53	96		149
福岡	159	157	19	335
佐賀	57	21		78
長崎	37	121		158
熊本	75	75		150
大分	84	2		86
宮崎	76	19		95
鹿児島	85	37		122
沖縄				0
合計	4,684	4,384	559	9,627

「平成10年版　地域交通年報」（財団法人運輸政策研究機構編、財団法人運輸政策研究機構、1999年）より作成

VIEW ALTTE（JR東日本駅構内ATM）

2001年10月よりJR東日本ビューカードはもちろん、他のクレジットカード会社のキャッシングサービスを取り扱う。今後は、駅の魅力を向上させるため、公共料金の取扱い、インターネットなどによる電子商取引や金融機関の預金の引き出しなど、さまざまな客層を対象とした新しいATMサービスを順次提供していく予定。当初山手線及び郊外エリアの14駅よりスタートし、2001年度中に34駅73台に拡大、2005年度中には216台まで拡大予定。

参考：多機能型情報端末「MMK（マルチメディアキオスク）」とは、ATM機能、公共料金収納機能、マルチメディアサービス（ショッピング他）等を複合したマルチメディア対応の多機能情報ターミナルのこと。

JR駅構内に設置されたATM

駅勢圏マップ

駅を中心とした半径800m（徒歩5～6分圏）と半径2,000m（徒歩15分圏）のプロットから点在密度を知る。

►首都圏駅800m圏マップ

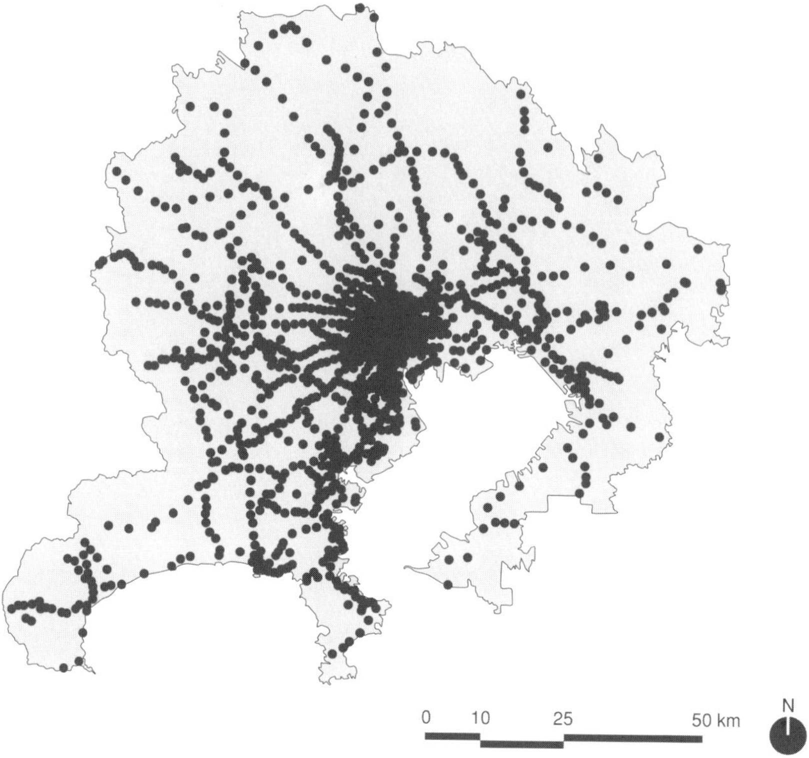

「大都市圏のリノベーション・プログラム（東京圏・京阪神圏）」
（国土交通省都市・地域整備局編、財務省印刷局、平成13年5月）より作成

自動靴磨き機

街角では高齢化などの原因で廃業する靴磨き屋が多い中、営団地下鉄の関連会社である（株）メトロセルビスと（株）エヌゼットケイで共同開発した自動靴磨き機が駅構内に設置されている。1998年から上駅、銀座駅などで試作機を設置し、利用者からの意見を参考に改良を重ねてきた。新型機は旧型より11秒早い53秒で片足を磨きあげる。旧型は黒色クリームのみだったが、新型は透明クリームを使用しどんな色の靴にも対応できる。昔ながらの手磨きは350～500円が相場だが、こちらは100円。

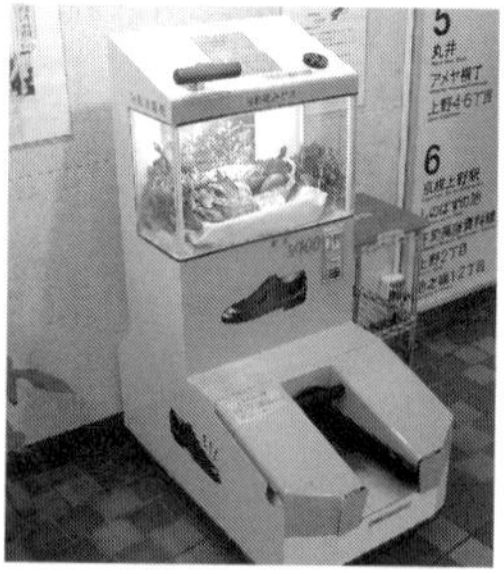

営団地下鉄銀座駅構内の自動靴磨き機

►首都圏駅2,000m圏マップ

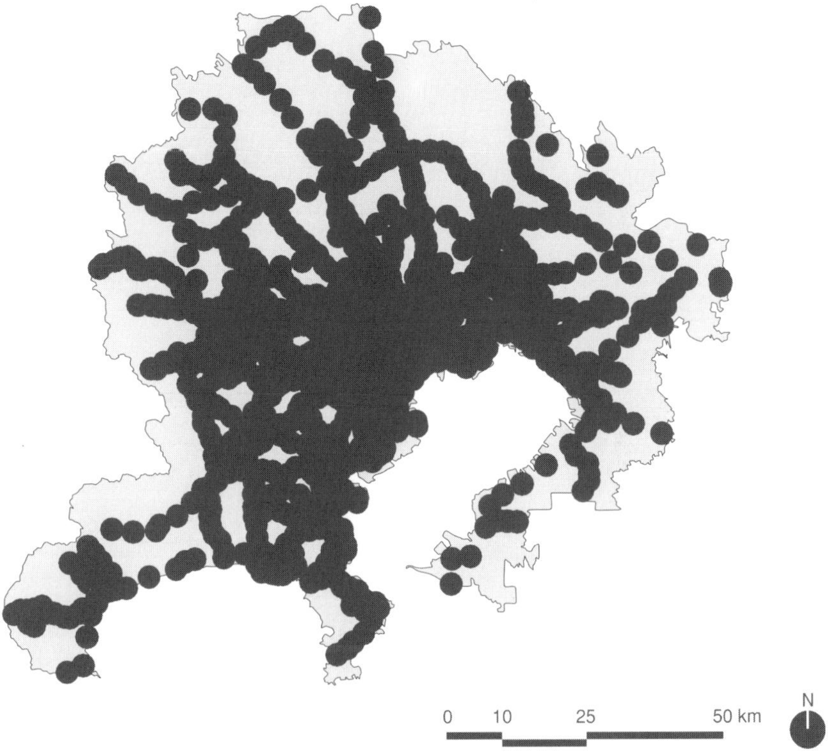

「大都市圏のリノベーション・プログラム（東京圏・京阪神圏）」
（国土交通省都市・地域整備局編、財務省印刷局、平成13年5月）より作成

地下鉄駅まるごとミュージアム

1日約10万人が通る都営地下鉄三田線日比谷駅。長さ550mのコンコースとホームでは、壁面、ホームゲート、柱、階段、エスカレータなど約5,000平方メートルをラッピング広告が覆う。その内の196平方メートルが製薬会社の商品広告、それ以外には製品と関係のない「ケミカル」「歴史」「街並み」のグラフィックなどで落ち着いた雰囲気を演出している。この広告は「駅全体をミュージアム化し、駅利用客に潤いと安らぎのある空間を提供する」という環境デザイナーの提案をもとに都交通局が試験的に実施。その企画にある製薬会社が賛同したもの。都営地下鉄の電飾広告の掲載率が７割程度と厳しい現状の中、都交通局に新たな収入をもたらすかが今後の焦点となる。

都営地下鉄日比谷駅コンコースのラッピング広告

4A-2
ネットワーク
――つながっていること

物理的な距離とは無関係に世界と一瞬にして接続することができる「情報インフラのネットワーク」とは異なり、具体的な「場所」をもった「リアルなネットワーク」が駅にはある。鉄道という一連のつながりを「リアルなネットワーク」として機能させるために欠かすことのできないのがネットワーク拠点として存在する駅である。既に施設が点在していること（前項参照）。そして、その施設が既に物理的につながっていること。さらにはそれぞれの駅は移動のための乗降施設であるという共通の機能をもちながら、周辺環境や利用者などによって様々な特徴をもっているということ。新規に何かをつくらずとも、「既に在る」という状況を上手に活用していくところに視点を注ぐことが大切なのではないだろうか。

全国をつなぐネットワーク

日本全国にのびる鉄道網の実態をみる。

►全国主要路線図

京阪神圏主要路線図

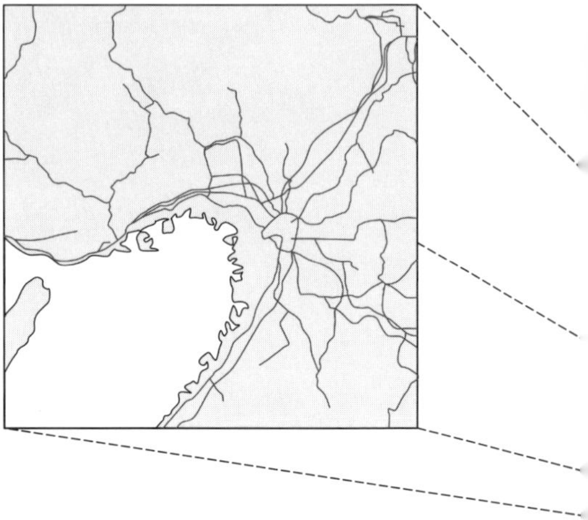

Suica（スイカ）

ICカード乗車券を使い、改札機に軽く触れるだけで通過できるシステム。改札を「スイスイいけるICカード」が名前の由来。定期券と、プリペイド式イオカードの2種類がある。定期券はプリペイドカードの「イオカード」の機能を併せ持っているため、区間以外の場所で乗り降りしても運賃が自動精算される。ICカード定期券は香港など海外でも利用されているが、JR東日本の計画は世界最大規模。

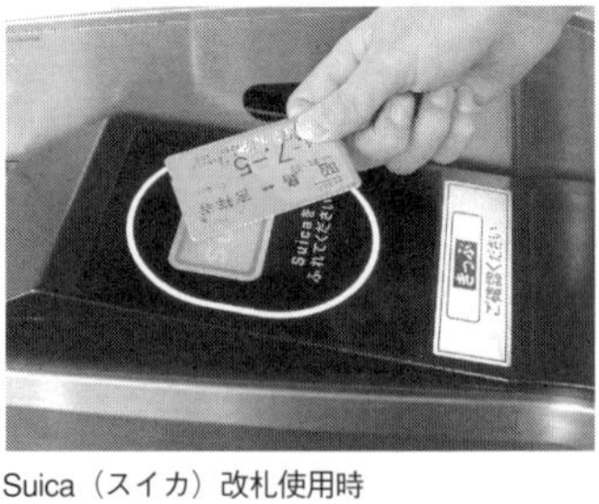

Suica（スイカ）改札使用時

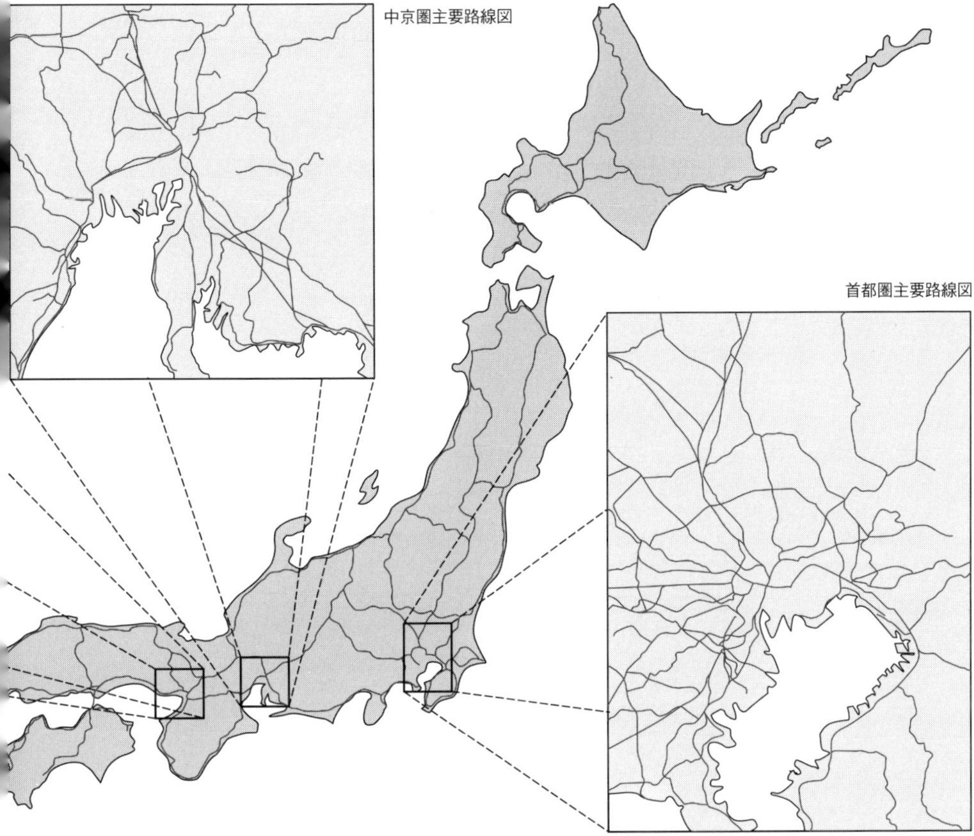

中京圏主要路線図

首都圏主要路線図

グーパス

定期券で自動改札機を通過した直後に、行き先周辺の情報等を携帯電話メールに配信するサービス。東急東横線の渋谷駅から桜木町まで中目黒駅を除く22駅で2001年9月から開始。システムの構築・運用をオムロンが行い、ぴあがコンテンツを作成、編集する。利用者は定期券に記入されているID、携帯メールアドレス、好きなコンテンツ項目を登録。行き、帰りの乗車時、降車時の1日計4回、改札に定期券を通した際、選んだ項目の情報が掲載されたメールを携帯電話で受信する仕組み。例えば、朝改札を通る時はアフター5に楽しめる店情報、帰りに乗車する際は息抜きコンテンツなどを、場所、時間に合わせて配信する。携帯電話利用者約1万人が対象のモニターサービスが2002年3月に終了し本格サービスの準備中。

グーパス利用イメージ
（グーパスホームページより転載）

輸送力

他の交通手段との比較から鉄道の輸送力を知る。

► 旅客の輸送分野別分担率

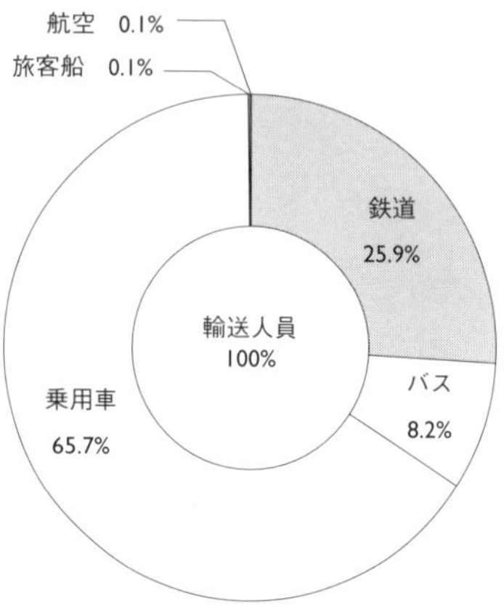

► 旅客の公共輸送機関別分担率

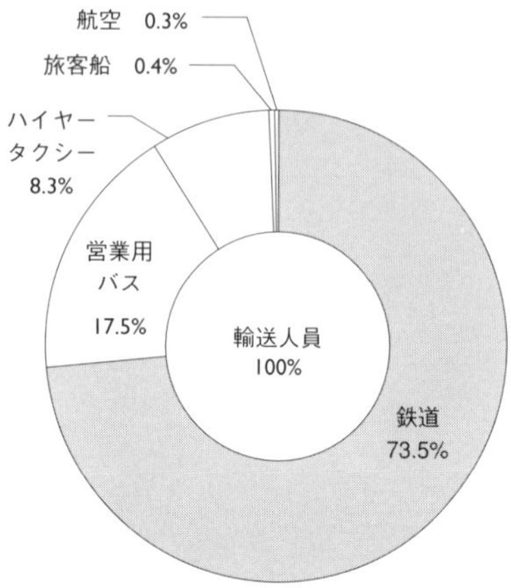

「数字でみる鉄道 2001」(国土交通省鉄道局監修、財団法人運輸政策研究機構、平成13年10月)より作成

地下鉄光ファイバー

「どこからでも取り出せ、どこへでもつながっている光ネットワーク」をキャッチコピーに、営団地下鉄は、より利便性の高い光ネットワークを構築するため、ビルや地域ネットワークへのケーブル引込みに積極的に取り組んでいる。その一環として、営団光ファイバーネットワークから沿線のオフィスビルまで光ファイバーケーブルを接続し、ビル接続と一括して光ファイバー心線を賃貸するサービスを行っている。賃貸を開始した営団光ファイバーネットワークは、現在、全8路線(一部区間を除く)で利用できる。都心に網の目のように張り巡らされた鉄道網が高速通信網へと進化することで、これまで困難を極めた都心部のネットワーク構築が、よりスピーディにかつ短期間、低コストで可能になる。

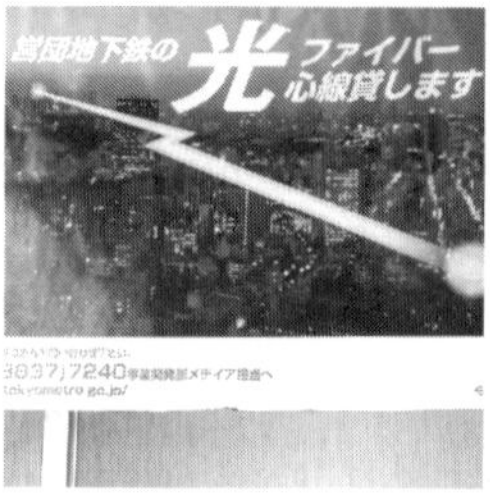

営団地下鉄車両内の吊り広告

► 旅客の距離帯別機関分担率

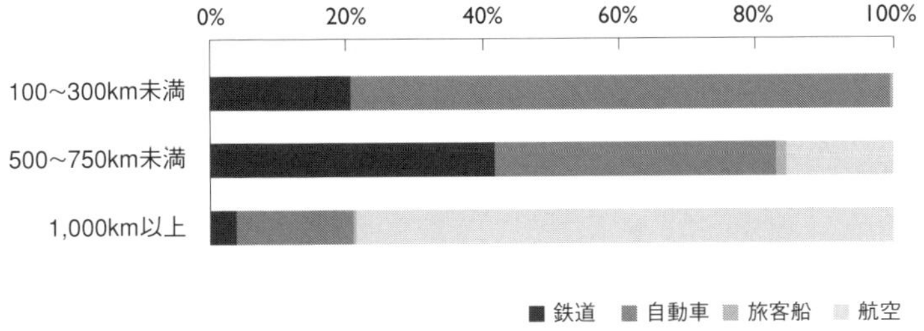

► 貨物の距離帯別機関分担率

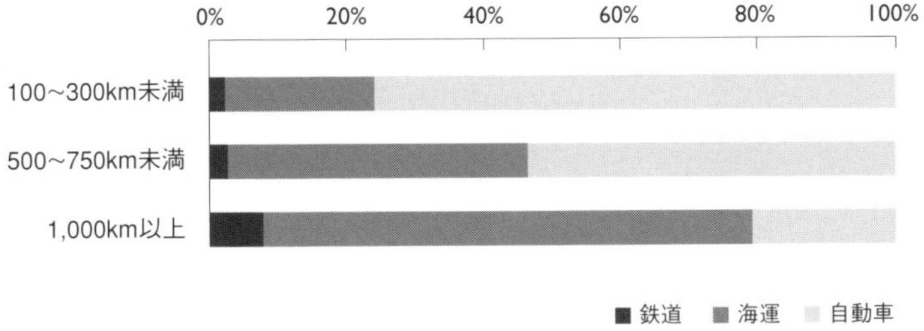

「平成13年度　国土交通白書」(国土交通省編集協力、株式会社ぎょうせい、平成14年3月) より作成

混雑マップ

国土交通省は、首都圏、京阪神地区で普及している自動改札を利用して、ラッシュ時における混雑率の新たな調査を検討している。最近の自動改札機は時間帯ごとの乗車、降車駅別の人数を集計できるが、実際に乗った列車の種類や経路までは把握できない。改札内での寄り道による時間の誤差もあるため、鉄道事業者の協力を得て補正方法を検討していく。将来的には、駅間ごとの混雑具合を15分刻みで示した表示板や次の電車の混雑具合を知らせる案内放送によって乗客の分散乗車を促し、混雑緩和を図る。

混雑マップ利用イメージ
(朝日新聞、2002年4月18日より転載)

4A-3
ロケーション
——そこにあるという状況

日本における駅は街の中心にあることが多い。むしろ、駅を中心に街がつくられてきたといっていいかもしれない。例えば、都市部に立地する駅を、街の中心にあるという共通の立地特性からみたときの典型的な場合。駅前広場にはバスターミナルやタクシーのりばがあり、スーパーや銀行、商店が並ぶ。駅からは商店街やショッピングモールが住宅地にむかってのびていく。移動のための乗降施設という機能をもつ駅が自然とその街の中心的施設になっていく状況。

しかし近年では、都市部の駅前放置自転車が問題としてとりあげられる一方、地方部や郊外部では駅前商店街の空洞化も顕在化してきている。

この駅の立地がもつ「駅共通の立地特性」と「駅個別の立地特性」とをそれぞれに再評価し、その潜在力を積極的に組み合わせることが駅再生の重要な視点のひとつといえる。

地域における駅

典型的な駅周辺の状況を俯瞰する（高架下駅の場合）。

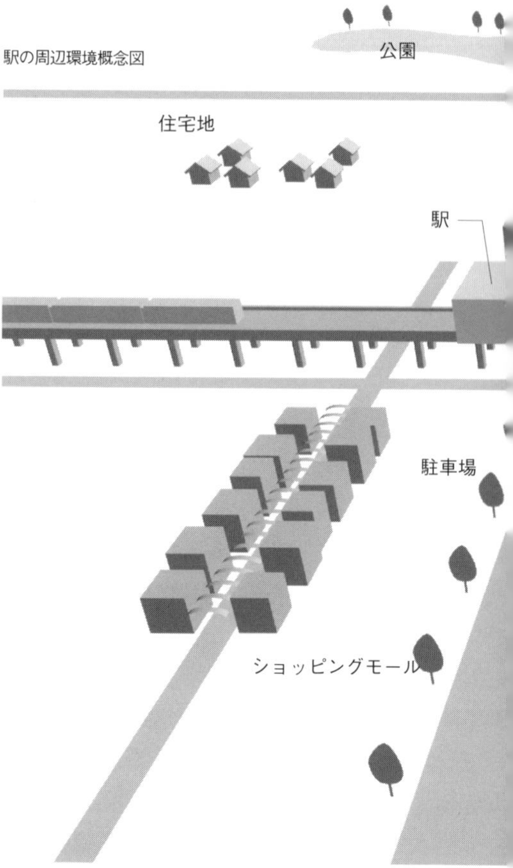

松戸市インターネット案内板

千葉県松戸市は2001年5月、インターネットを使った地域案内板を全国の自治体で初めて松戸駅西口に設置した。周辺の地図に加え、天気、ニュース、市のお知らせなどの最新情報を提供する。50インチの大型画面に5つのコンテンツを分割して表示。天気、市の広報などは20秒ごとに表示が入れ替わる。NTTドコモの「iモード」から案内板のコンテンツに接続し、画面を見ながら携帯電話をリモコン代わりにして、知りたい情報の詳細を表示したり、市の施設に電話をかけることができる。民間資金を活用し社会資本を整備するPFI（プライベート・ファイナンス・イニシアチブ）方式を採用し、案内板に載せる協賛企業からの協賛金で建設費と維持費を賄う。

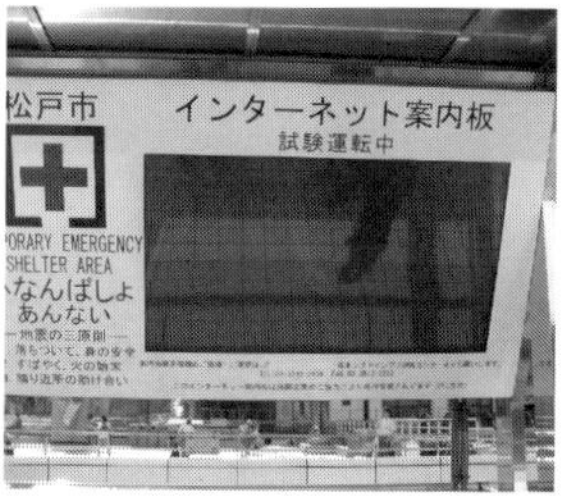

松戸駅西口のインターネット案内板

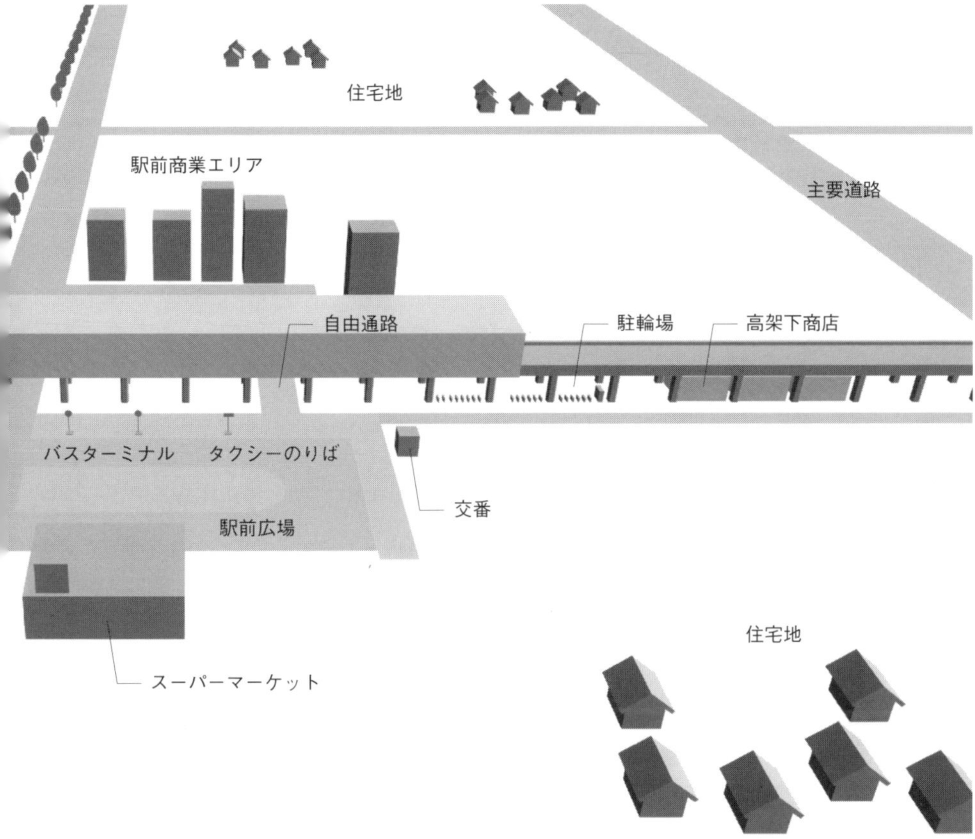

江ノ電ウェーブビジョン

江ノ島電鉄は2002年7月から、鎌倉駅と藤沢駅で「みんなの広告」なるサービスに着手した。誰もが簡単に、しかも低価格で広告を出せる。それも自宅のパソコンからメッセージや写真を書き込めるというもの。両駅のプラットホームに各2台設置された大型プラズマディスプレイに午前7時から午後11時までの16時間に、15分おきに15秒間（1日最大64回）画像が流れる。料金は2002年中は、江ノ電開業百周年を記念して1日1,500円。別に1週間以上の契約で動画を流せるタイプの広告も扱う。

江ノ島電鉄鎌倉駅プラットホームに設置されたディスプレイ

駅と周辺環境

駅と周辺環境の関係を4つに分類し、駅の存在が周辺地域にどのような影響を与えるのかを比較する。

地平駅と周辺環境

地域が線路に分断されるという問題点がある。また周辺の踏切は交通渋滞の原因となることが多い。

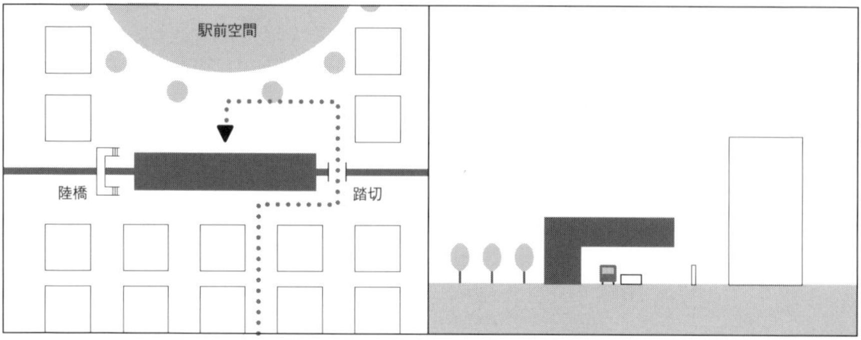

地下駅と周辺環境

駅の姿は街の中にあらわれず、おのずと駅前という場所の存在も希薄になる。

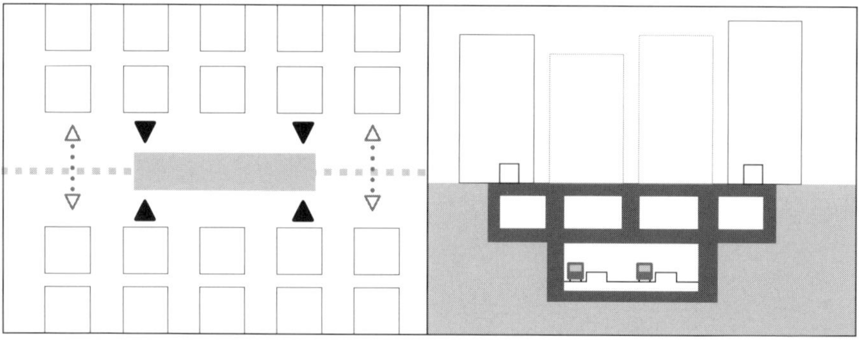

KEIKYU-駅プリ

株式会社京急ステーションサービスは2001年12月から京急線の駅改札窓口で写真の同時プリントサービスを開始した。駅係員によるサービスなので、京急線の各駅で始発から終電まで受付・引き渡しができる。わざわざ寄り道しなくても、通勤・通学時の朝最寄駅で受付をし、帰宅時に受け取るといった利用ができる。同時プリントは何枚撮りでも1本1,000円（消費税込み）。引換え証と1,000円札一枚でスムーズな受け渡しが可能。

品川駅改札窓口での写真の同時プリントサービス

高架下駅と周辺環境
地域を大きく分断することもなく、線路の両側が等価に扱われる。各駅間において高架下空間の有効利用事例も多い。

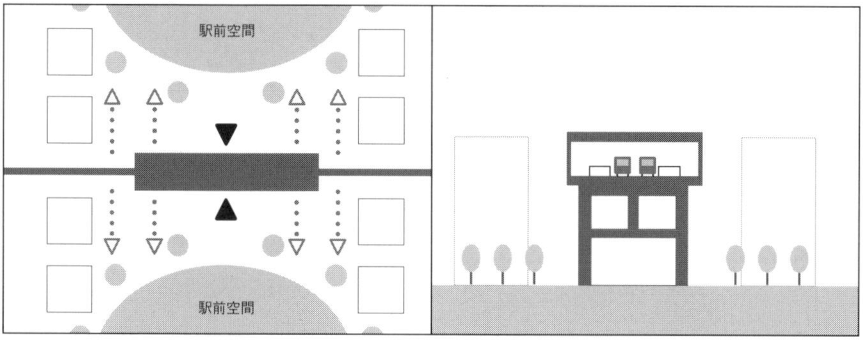

巨大ターミナル駅と周辺環境
たくさんの路線が一堂に集積する要所で、繁華街やオフィス街など昼間人口の多い地域にある。
線路上空などを有効に利用した、複合型の駅ビルタイプは多い。

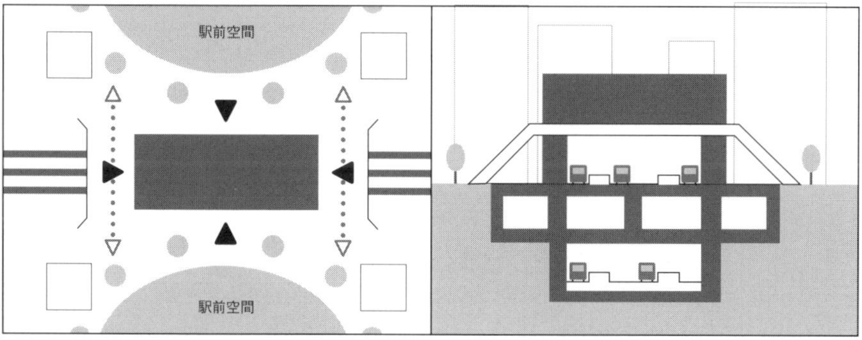

テナント

無印良品、ユニクロ、マツモトキヨシ、スターバックスコーヒーなどといった繁華街や百貨店で人気のテナントが駅構内に出店しているケースがよく見られる。JR東日本は駅の中での商業展開に目を向け、駅の利用者の調査を重ねた。「駅の中には乗降客や、乗り換え通過客など、多くの消費者がいる。彼らは駅の中でも、駅の外と同じように買い物やサービスを受けたいと思っている」とそのニーズをつかんだ。店舗面積は通常の数分の1程度のコンパクトサイズのものがほとんどだが、販売効率は通常の店舗の2倍以上というテナントも多い。

JR渋谷駅構内に出店するテナント

駅までの距離（駅勢圏）

駅と周辺住民との関係をみる。

►自宅から駅までの距離と満足度

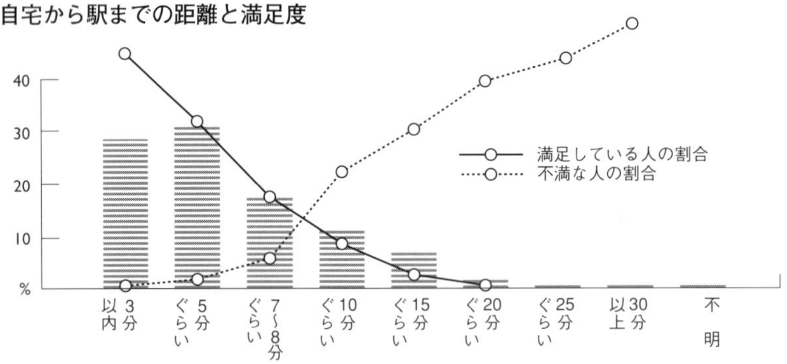

「交通工学―土木教程選書」（竹内伝史・本多義明・青島縮次郎著、鹿島出版会、昭和61年4月）より作成

►駅からの距離と不動産価値概念図

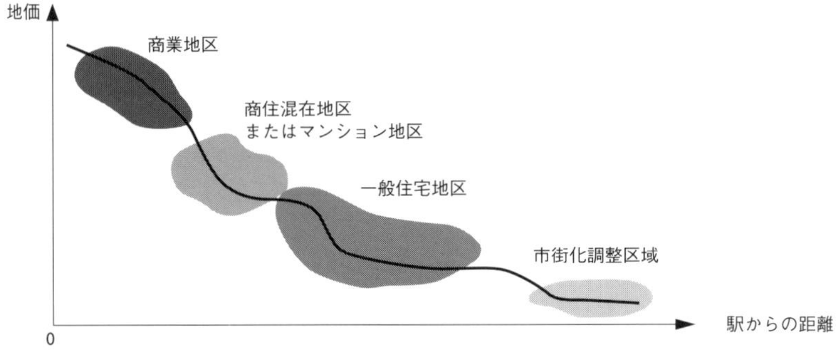

「駅とまちづくり　ひと・まち・暮らしをつなぐ」
（インターシティ研究会編、株式会社学芸出版社、1997年11月）より作成

中小企業活性化

東京都台東区はJR上野駅商業施設「アトレ上野」内に店舗区画の中から１区画（約37平方メートル）をJR東日本から借り、３店舗分のスペースを提供する。駅構内への出店経験がないことを条件に出店希望する区内の事業者を公募し、使用料（賃料の1/2程度）での出店を支援する事業を開始した。この台東区支援によるトライアルショップ「粋品小路（いっぴんこうじ）」は、貸出期間は一店舗3カ月間、年間12店の期間限定の出店サイクルによって、できるだけ多くの地元事業者に商品開発や店舗運営などを試行してもらい、地元の活性化につなげていこうというものである。「駅の中は立地条件がよくても賃料が高いため、出店をためらう事業者も多い。隠れたいい商品を作ったり売ったりしている方にチャンスを与えたい」という区経済商業課の考えから、べっこう細工、オーダー靴、和装小物、ガラス製品、提灯、駄菓子などさまざまな業種が出店を予定している。

JR上野駅アトレ上野内の「下町ストリート」に出店するテナント

駅周辺が抱える諸問題

都市部、地方部・郊外部それぞれの駅周辺が抱える問題を把握する。

► 都市部駅にみられる放置自転車問題

過密な住環境から都市部住宅地に立地する駅前は、駅利用者のための自転車置場が不足している状況にある。

池袋駅前の放置自転車

（平成14年）

順位	駅名	市区町村名	事業者名	放置台数
1	天神	福岡市	福岡市営、西日本鉄道	4,530
2	新浦安	浦安市	JR東日本	3,710
3	蒲田	大田区	JR東日本、東急電鉄	3,280
4	名古屋	名古屋市	JR東海、名古屋市営、名鉄、近鉄	3,140
5	岡山	岡山市	JR西日本	2,980
6	赤羽	北区	JR東日本	2,940
7	大宮	さいたま市	JR東日本、東武鉄道	2,530
8	新宿	新宿区・渋谷区	JR東日本、小田急、京王、営団、都営	2,510
9	南行徳	市川市	営団	2,470
10	池袋	豊島区	JR東日本、西武、東武営団	2,440

「駅周辺における放置自転車等の実態調査の集計結果」
（内閣府政策統括官（総合企画調整担当）付　交通安全対策担当、平成14年8月）より作成

► 駅前商店街の空き店舗問題

全国的に商店街の空き店舗問題が拡がるなか、駅前商店街も同様に空き店舗問題に直面している。

商店街における空き店舗の5年前との変化

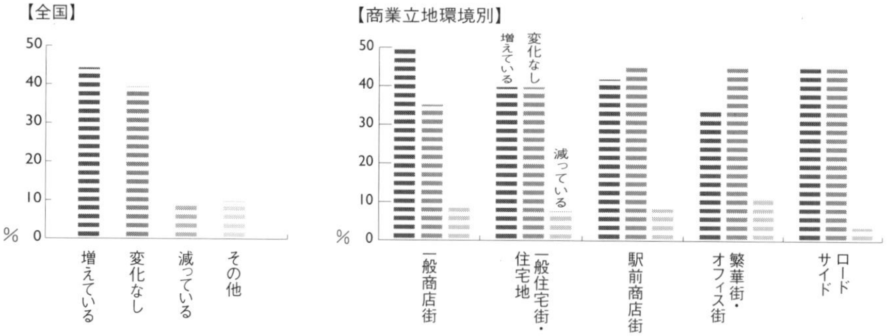

「平成12年 商店街実態調査報告書　―商店街実態に関する研究調査報告書―」（流通政策研究所、平成12年11月）より作成

駅前放置自転車対策

駐車場運営会社の芝園開発が開発した無人駐輪場システムが、首都圏の駅周辺の自転車放置問題解決の方法として、鉄道事業者から注目されている。無人駐輪場は前輪をラックに入れ施錠する駐輪機と料金精算・解錠装置とで構成され、管理人はいないが専用電話で問い合わせに対応、場合によっては係員が駆け付けるしくみとなっている。料金は8時間で100円が基本で、東武鉄道では伊勢崎線草加駅の高架下に設置した。「市からたびたび改善要請されていたが、導入後は放置自転車がなくなった」という。ここでは最初の90分は無料とし、同駅併設のショッピングセンターの利用客に配慮した。現在、都内主要駅515駅に乗り入れる自転車73万8千台の27%にあたる20万台が放置されている。駐輪場の数は1,500以上あり、収容台数は74万2千台。但し、実際には駅から遠かったりするため、利用者のマナーによるところが大きい。

東武伊勢崎線草加駅高架下の無人駐輪場

4A-4
ピープル
——駅を利用する人たち

駅と駅利用者との関係は複雑である。大きくは通勤や通学などで利用される「日常的な駅」と旅行などで利用される「非日常的な駅」とに分類できる。また、「日常的な駅」は利用者からの視点によって「自宅駅」、「途中駅」、そして「目的駅」として位置づけることができる。日常生活から切り離すことのできない施設として存在する駅には当然多くの人々が日々それぞれの目的で訪れる。

圧倒的な利用者数をほこる駅という施設をその利用者の視点から考察すること。また時間帯別、曜日別の利用状況の把握や駅利用者の属性を認識することは今後の駅のあり方を考える上では必要大切なことといえる。駅のもつ求心力を最大限に意識した上で、駅の「集客施設」という側面の可能性を積極的に捉えていくことに新たな展開力があると考えられる。

乗降者数

駅利用者を人数から把握する。

►主要駅の一日平均乗降者数

区分	事業者名	駅名	一日平均乗車人員 人
首都圏	JR東日本	新宿	756,548
		池袋	576,989
		渋谷	420,395
		東京	382,129
	東武	池袋	279,233
		北千住	226,781
	西武	池袋	283,907
	京成	船橋	53,425
	京王	新宿	344,175
	小田急	新宿	257,866
	東急	渋谷	467,490
	京急	横浜	155,022
	相鉄	横浜	240,803
	交通営団	池袋	258,332
		渋谷	296,551
中京圏	JR東海	名古屋	159,104
		高蔵寺	23,847
	名鉄	新名古屋	153,167
	近畿	名古屋	69,353
	名古屋市	名古屋	155,082
京阪神圏	JR西日本	大阪	429,721
		天王寺	163,962
		鶴橋	131,732
	近鉄	難波	129,967
	南海	難波	169,444
	京阪	京橋	108,482
	阪急	梅田	362,578
	阪神	梅田	104,685
	大阪市	梅田	226,674
		難波	143,042

「数字でみる鉄道　2001」（国土交通省鉄道局監修、財団法人運輸政策研究機構、平成13年10月）より作成

ネット販売拠点

JR東日本は2000年4月から「えきねっと」というインターネットモールを開設した。利用者は自宅や会社のパソコンで「えきねっと」のホームページに接続し、購入したい商品を注文し、好きな時に指定した駅のコンビニなどに取りに行くことができる。本やCD、DVD、サプリメントなど約30万タイトルを扱い、首都圏の約180駅（約290店舗）を指定して受け取りができる。三省堂書店も、2001年5月からネットで販売した本を駅の売店で手渡すサービスを始めた。利用者は三省堂のホームページで本を注文、小田急線の駅にある61の売店、またはJR東日本の「@station」の店舗で購入した本を受け取る店の指定ができる。約56万タイトルを取り扱う。

JR駅コンビニに掲示されているポスター

► 路線内の各駅における乗降者数
——京王井の頭線の場合（2000年度、京王電鉄調べ）

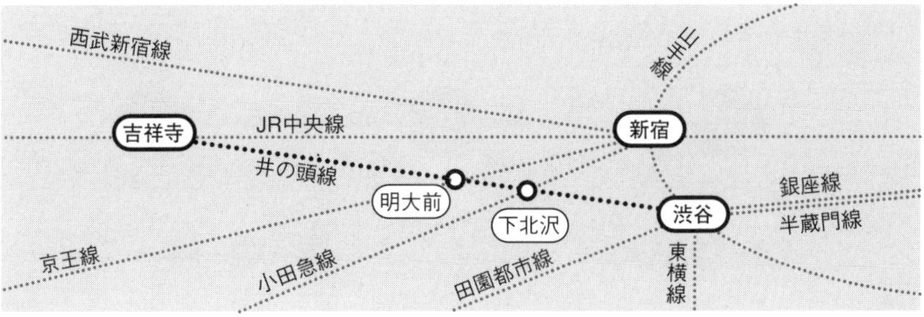

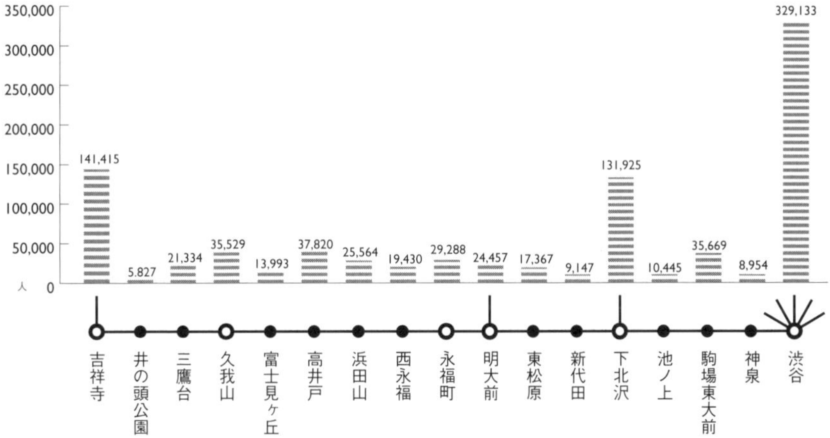

散髪屋

相模鉄道大和駅（神奈川県大和市）のプラットホームにあるヘアカット店。出店しているのは、全国にチェーン展開している「キュービーネット」（本社・東京）。10分間で仕上げてくれるため、電車待ちの間に利用できることもあり予想外の人気が鉄道事業者を驚かせた。料金は、洗髪や顔そりなしで一律1,000円。平日の利用者は平均90人。夕方に行列ができることもあるほどの盛況ぶりだ。以前、売店があった場所を上手に利用している。2002年7月末時点、141店舗を駅などで展開中。

相模鉄道大和駅のプラットホームに出店しているヘアカット店

利用者の視点からみた駅

駅の分類を利用者の視点から考える。

► 利用者の視点からみた駅の分類概念図

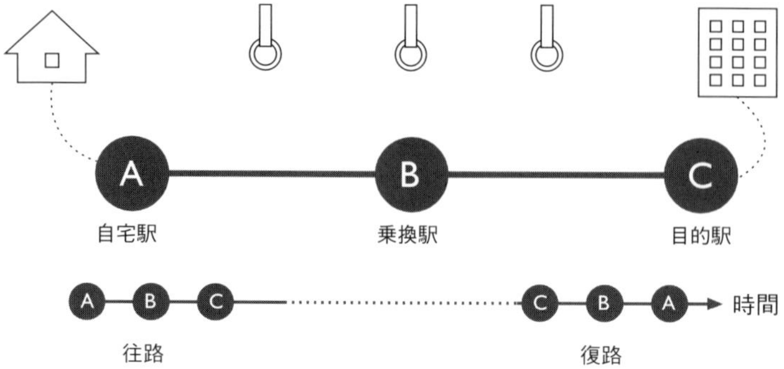

► 時間帯別の一日の利用者数変動

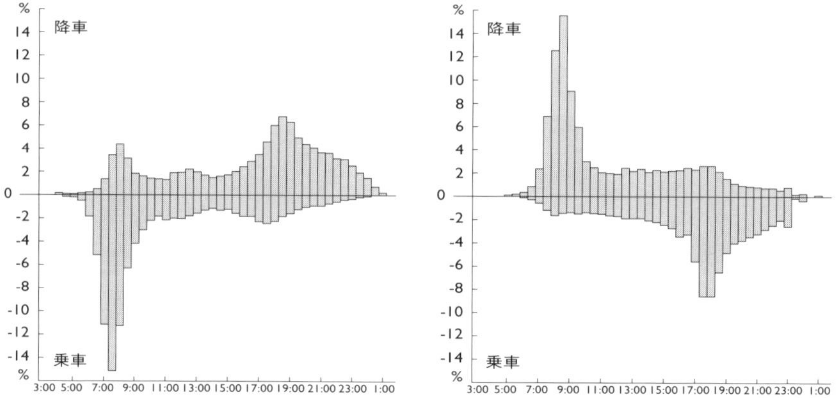

鉄道総合技術研究所提供資料より作成

宅配用ロッカー

宅配ボックス運営大手のフルタイムシステム（東京）は、クレジットカードで扉の開閉や代金決済ができる宅配用ロッカーを駅などに設置している。2004年までに首都圏で500カ所、約10,000ボックスの設置を目指す。通販会社と提携し、ホームページやファックスでクレジットカード番号などを登録し、商品の受け取り場所や決済方法を「ロッカー」と指定すると、商品が指定のロッカーに配達される。クレジットカードを挿入すると代金が決済され、商品が入ったボックスの扉が開く。荷物の出し入れ状況をコンピュータネットワークで24時間管理している。商品が届いたことを受取人に電子メールで知らせるサービスもある。料金は1回200円。1日遅れるごとに300円加算される。

小田急新宿駅構内に設置された宅配用ロッカー

交通手段の構成

利用者の交通手段を都市規模別にみる。

► 都市規模別の交通手段構成（平日）

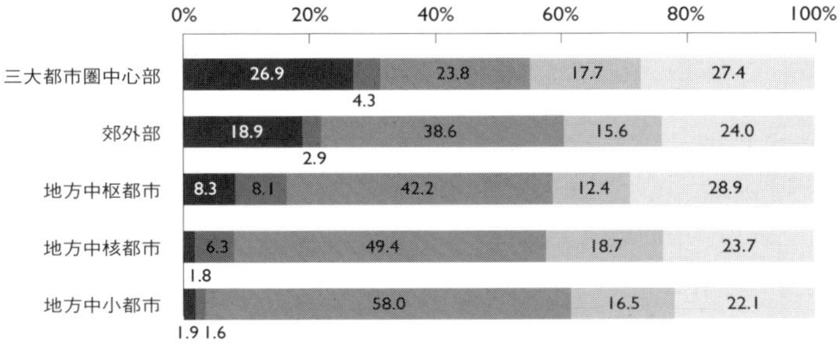

► 都市規模別の交通手段構成（休日）

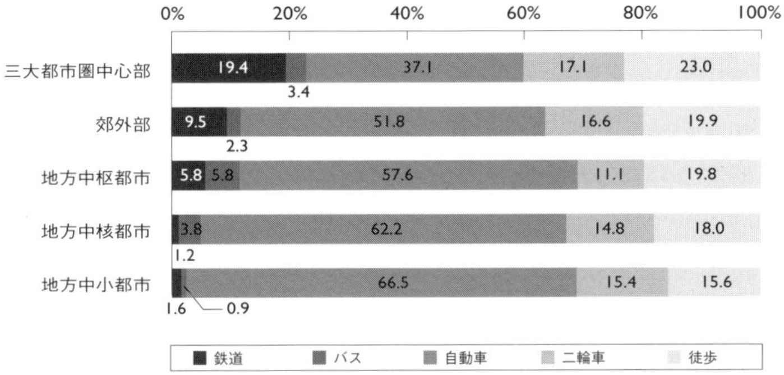

「新時代のまちづくり・みちづくり」（建設省都市局監修、都市整備研究所編、株式会社大成出版、1997年12月）より作成

パーク＆ライド

JR東日本は東京駅丸の内口の地下丸ノ内駐車場と提携し、「東京駅Park & Rideプラン」というJRの新幹線・特急を利用すると駐車場料金を大幅に割り引くサービスを行っている。広さ21,200平方メートル、東京ドームの半分の面積に520台収容。しかし以前は、週末になるとオフィス街のため、空きが目立っていた。一日（24時間）の利用で通常14,400円が2,300円になる（消費税含む・全日）。出張などビジネスやゴルフ・スキー等レジャーユースに多く利用されている。利用台数は当初の4倍まで上がった。利用者の半数近くが早朝に入庫し、夕方以降出庫している。

パンフレット
「東京駅Park&Rideプラン」
（丸ノ内駐車場・JR東日本）を転載

利用者の属性

毎日、たくさんの人が利用している駅。その利用者の属性を確認する。

▶ 性別の利用者数

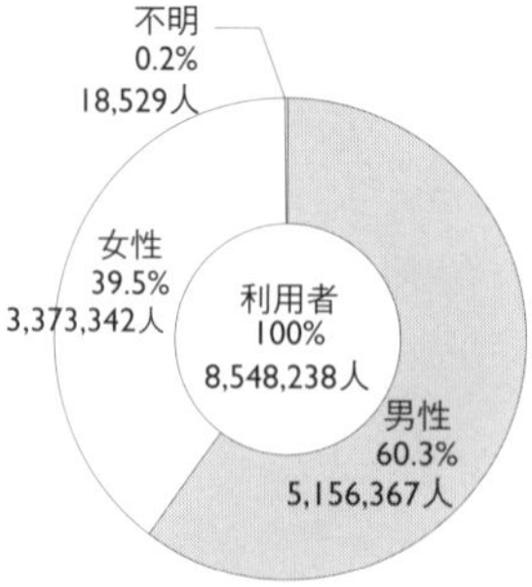

▶ 定期券種類別の利用者数

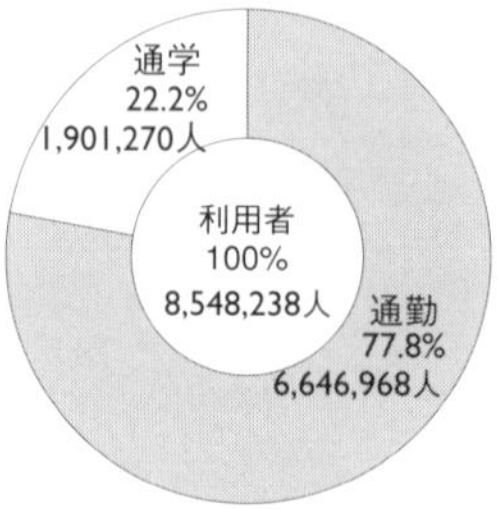

▶ 年齢別の利用者数

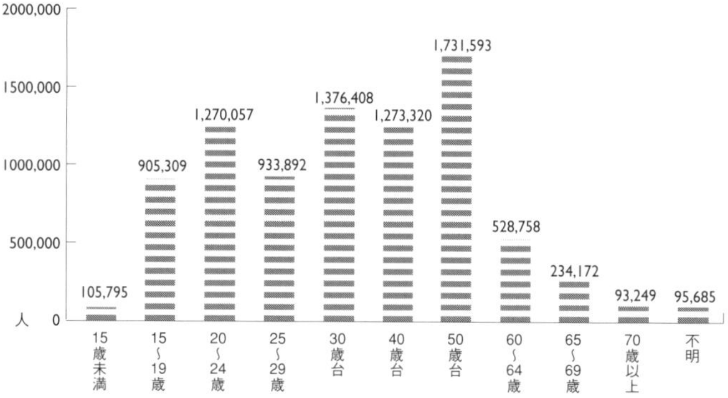

「平成12年　大都市交通センサス首都圏報告書　総集編」
（根元二郎編、財団法人運輸政策研究機構、平成14年3月）より作成

託児所

京浜急行グループは京急井土ケ谷駅構内にホームから直接入ることができる保育園「京急キッズランド」を設けている。通勤途中の保護者が改札口を出ずに子供を預け、すぐ次の電車で勤務先に向かうことができるのが特徴。園内の様子をデジタルカメラで1日数回撮影し、携帯電話iモードで見られるサービスも導入している。もともとは、線路の点検にあたる保線班の事務所があった場所。深刻化する待機児童対策として、国は認可保育園に民間参入を認め、自治体も認証保育所（駅前型）を推進している。東京都は2004年度までに駅前タイプを50カ所に増やす計画。こうした条件整備に連動した鉄道事業者の保育園事業は、今後広がりをみせるだろう。

京急井土ケ谷駅構内のホームから直接入ることができる保育園

► 通勤・通学所要時間帯別人員の分布

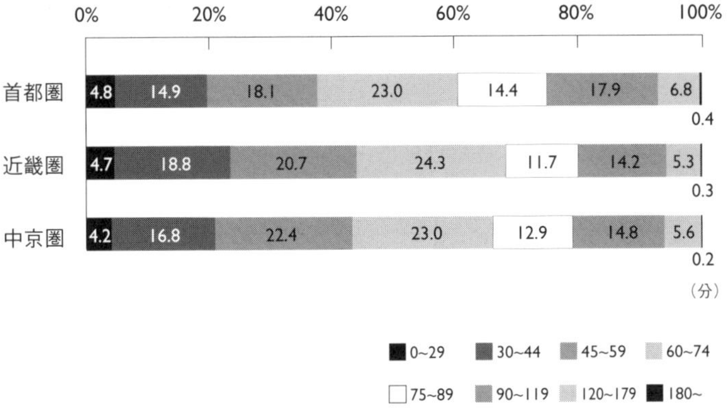

	平均 所要時間	人数（千人）
首都圏	69分	8,726
近畿圏	64分	3,529
中京圏	65分	1,018

「数字でみる鉄道　2001」（国土交通省鉄道局監修、財団法人運輸政策研究機構、平成13年10月）より作成

送迎保育ステーション

認可保育所に入所を希望しながら入れない「待機児童」を解消するため、厚生労働省は2002年度から、駅前などに「送迎保育ステーション」を整備し、保育所への送迎事業を始めた。地域の保育所に空きがあっても、駅や自宅から遠いという理由で第１希望が空くまで待つ保護者が多いことに対応するためで、都市部を中心に全国で50カ所程度を整備する。約33,000人いる待機児童のうち、千数百人の待機が解消される見込みという。送迎保育ステーションは、小泉首相が公約した「待機児童ゼロ作戦」の一環で、保育所の需要と供給のミスマッチを解消するのが目的だ。駅周辺のビルの１室を借りるなどして開設し、保育士らが集まった子どもたちをマイクロバスなどで保育所に送迎する。保育所が閉まった後は、再びステーションに子どもを集めて、保護者が引き取りに来るまで延長保育もする。ステーションを利用すれば、保護者が通勤途中に子どもを預けたり引き取ったりできるほか、複数の保育所の子どもを集めて効率的な延長保育が可能となる。

南越谷駅前の送迎保育ステーション

4A-5
スペース
——余剰空間と余剰時間

右図は駅という施設の構成要素のうち代表的なものをピックアップし、まとめたものである。誰もが日々あたりまえに利用している駅にちりばめられたこれらのエレメントを丁寧に観察すると、そこにはさまざまな可能性があることに気づく。プラットホーム、改札口、券売機、時刻表などは駅という施設にしか存在しない要素である。また、エレベータやエスカレータなどバリアフリーを意識した要素は、駅が公共交通施設であるということに依存する。

ここで、柱や階段室の裏側にある利用されていない隙間的空間を「余剰空間」、ターミナル駅などでの乗換えの際にうまれる移動時間を「余剰時間」と呼ぶ。駅という施設をより快適で利用しやすい空間へと昇華させるためには、この「余剰空間」の有効活用と「余剰時間」への眼差しが重要な課題となる。

駅俯瞰

典型的な駅空間の姿を俯瞰する（橋上駅の場合）。

高級バイク専用車庫サービス

京王電鉄は、使い勝手が悪く休眠していた高架下の土地を活用し「京王バイクパーク八幡山」を芦花公園駅（世田谷区）近くに2002年3月に開業した。旅客収入が伸び悩む中、遊休資産を活用して収益を絞り出すという戦略。収益と沿線住民向けサービス充実の一石二鳥を狙う。高架下には、大型バイク用のコンテナ型個室車庫が12区画並び、広さ3.7平方メートル、24時間対応の警備システムを導入。料金は月額20,000円。3～4年で200区画を都内中心に確保する予定。大型バイクの免許が比較的容易に取得できるようになったことから、1996年以降、輸入大型バイクが急増し置き場所に困るユーザーが増えている実状がある。

京王芦花公園駅近くの高架下高級バイク専用車庫

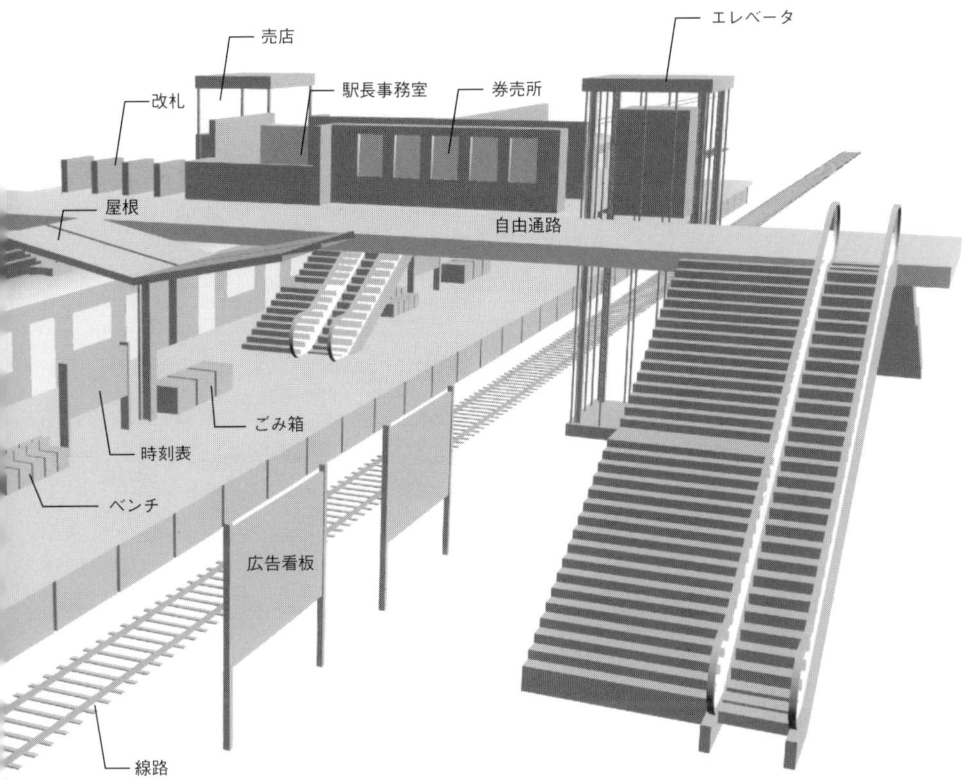

レンタル収納スペース

小田急電鉄は黒川駅（川崎市）の高架下の遊休地を使い「クローゼット黒川」を2002年3月に開業した。一室1.8～3.3平方メートルの部屋が188室ある。空調、換気、防犯カメラまでを備え、24時間監視のセキュリティシステムを導入。料金は8,000～14,000円。同社は、1999年に喜多見駅（世田谷区）に235室の「小田急クローゼット狛江」をまず開業し、翌年に186室増設した。

小田急喜多見駅の高架下を利用したレンタル収納スペース

駅を構成するエレメンツ

日常何気なく利用している駅はさまざまな要素で成り立っている。代表的な要素を改めて確認する。

駅前広場

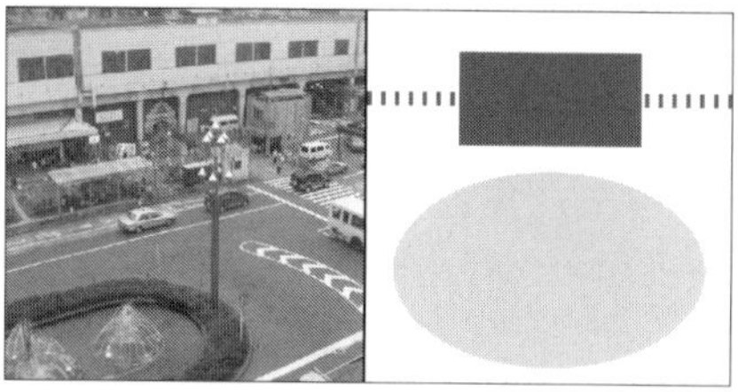

券売所

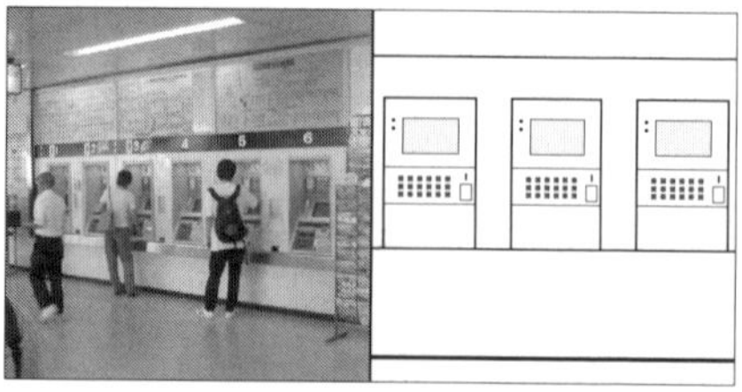

駅入口（地上）

改札

駅入口（地下鉄）

階段・エスカレータ

渋谷東急高架下駐車場飲食店転用計画

営団地下鉄13号では2007年度をめどに池袋から新宿を経由して渋谷までの延長が計画されている。東急東横線と相互直通運転する計画が浮上し、実現すれば渋谷駅が通過点になる恐れがでてきた。東急グループは、交通アクセスなどの環境変化に影響されない魅力ある街づくりを箱モノ施設に頼るだけでなく、「コミュニティ醸成による価値向上」をめざして計画を進めている。大規模開発用地が少ないこともあって、代官山地区と融合した街づくりの検討を開始し、その実験として東横線高架下の駐車場を地域密着型の飲食店として2001年10月に再生した。地域通貨をコミュニティ形成、来客促進の道具に使いながら、渋谷と代官山との回遊路作りに取りかかる。

東急東横線渋谷駅～代官山駅間の高架下を再生した飲食店

連絡通路（地上）

屋根

連絡通路（地下）

線路

プラットホーム

売店

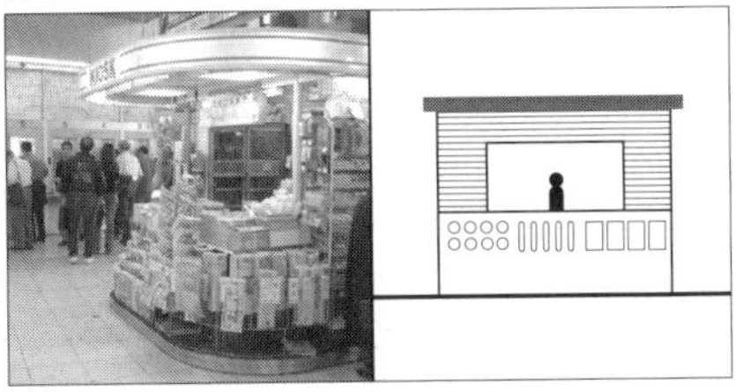

大江戸線　災害用備蓄倉庫

都営地下鉄大江戸線の麻布十番駅と清澄白河駅には災害用備蓄倉庫がある。阪神淡路大震災の教訓から、震度6強の地震に耐えられる耐震設計で、都心部を環状に走る大江戸線の特徴を利用し、駅舎に併設した防災空間に備蓄倉庫を整備し、毛布、カーペット、安全キャンドル等の災害用備蓄物資を備蓄している。万一、災害が発生した時には、備蓄物資を物資集積所を経由して各避難所に運ぶ。床面積は麻布十番駅地下倉庫は約1,380平方メートル、清澄白河駅地下倉庫は約780平方メートルである。

都営地下鉄麻布十番駅の災害用備蓄倉庫

「余剰空間」と「余剰時間」

首都圏地下鉄駅の地下通路は複雑である。うまく利用されていないもったいない場所（余剰空間）と、乗換えの際にうまれる移動時間（余剰時間）をサンプルから確認する。

地下鉄駅の凹み

時間帯によりうまれる空間

地下鉄駅連絡通路

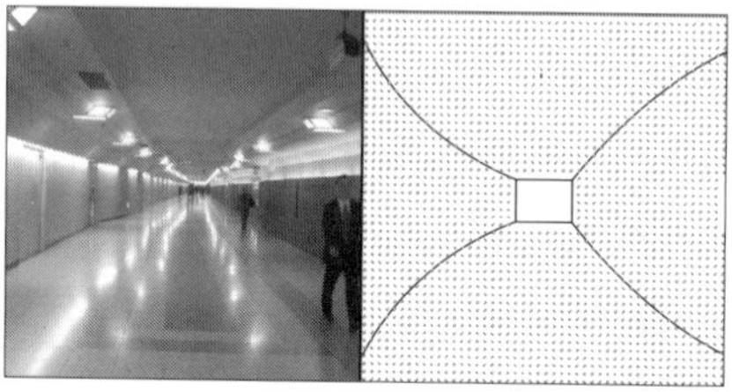

高架下

階段・エスカレータ周辺

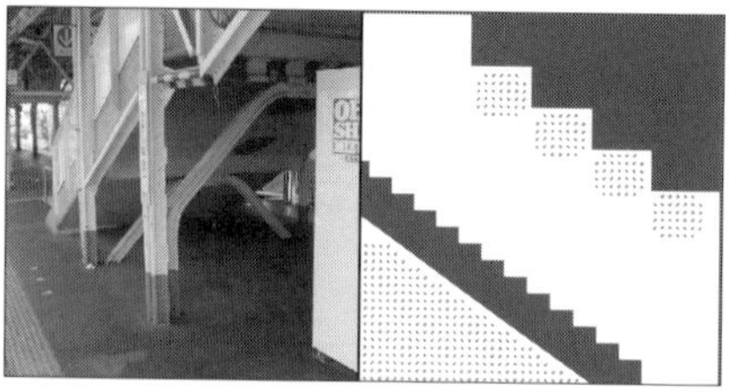

駅前ロータリー

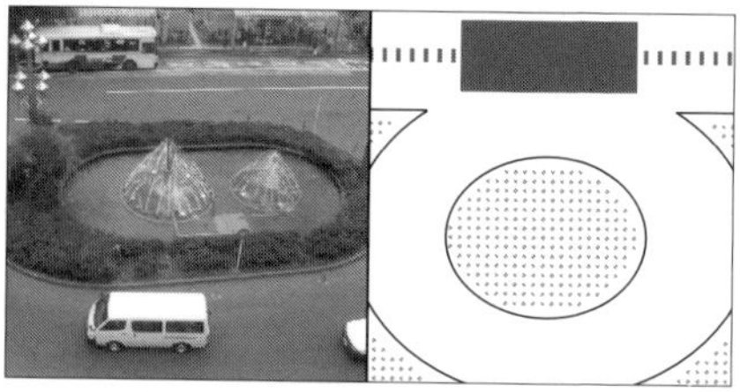

太陽光発電システム

京王線明大前駅（世田谷区松原）のプラットホームの屋根には、太陽電池が組み込まれている。太陽電池は「アモルファスシリコン」と呼ばれる屋根材一体型のもので、ホーム屋根部分のうち、546平方メートルに計208枚が敷き詰められている。太陽光の利用による発電容量は30キロワットに達し、駅構内の照明、自動発券機、エレベータなどの電力に利用されている。同線若葉台駅（川崎市麻生区）のホームの屋根にも同様に太陽電池が設置されている。第三セクターの真岡鉄道七井駅（栃木県益子町）では、1997年の原因不明の出火による全焼時の再建に当たり、自治会や近くの高校生徒の要望から、最大9.6キロワットの発電をする80枚のパネルを屋根に設置した。昼間はほとんど電力を使わないため、東京電力に売電している。同駅は1日の利用者が約400人のこぢんまりした無人駅である。

京王明大前駅のプラットホーム屋根に組み込まれた太陽電池

► 乗換経路と所要時間

赤坂見附・永田町駅の場合

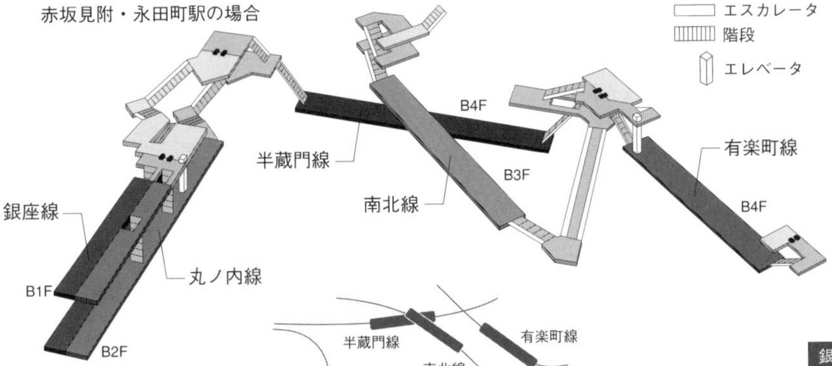

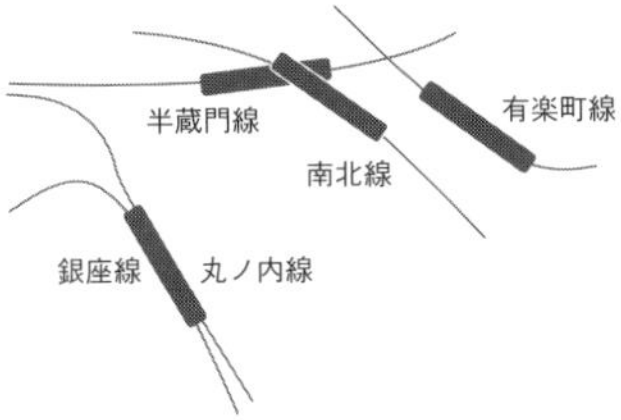

	半蔵門	有楽町	丸ノ内	銀座
丸ノ内				0
有楽町			10	10
半蔵門		4	5	5
南北	8	7	13	13

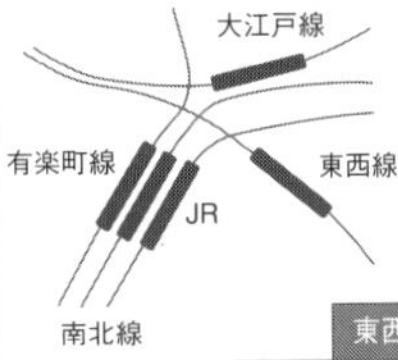

	大江戸	南北	東西	有楽町
東西				4
南北			4	2
大江戸		5	7	6
JR	8	4	3	4

飯田橋駅

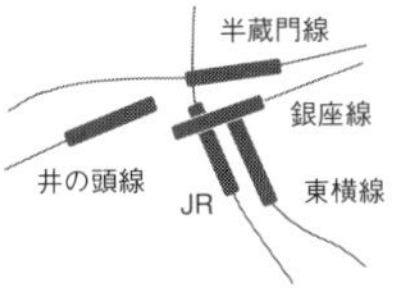

	東横	JR	半蔵門	銀座
半蔵門				5
JR			1	5
東横		4	4	1
井の頭	5	4	5	4

渋谷駅

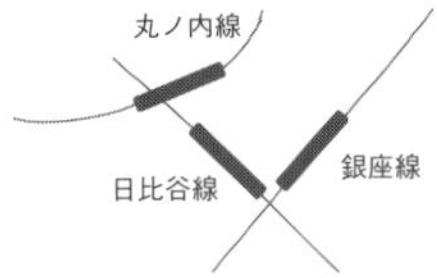

	丸ノ内	銀座
丸ノ内		5
日比谷	2	2

銀座駅

「東京地下鉄便利ガイド」（リベルタ株式会社　調査・編集・制作、昭文社、2001年1月）より作成

地下鉄アングラ劇場

全線開業から1年以上になる都営地下鉄大江戸線では、駅のコンコースを使った演奏会や展覧会が相次いで催されている。1日100万人が利用できるように設計されている広い構内のスペースを利用し、集客につなげようという都の作戦。ジャズコンサートを行った六本木駅の防衛庁改札口前のコンコースは334平方メートルもあり、テニスコートより広い。新宿西口駅の改札口内の「ゆとりの空間」前のコンコースは934平方メートルもある。都交通局はニューヨークの地下鉄に視察に行くなど、本格的に取り組む。都生活文化局では、「ヘブンアーティスト」という形で地下鉄の他、公園や都施設で活動できるアーティストを募集し、現在140組にライセンスを発行している。「街のなかにある劇場」として気軽に芸術に親しみ、アーティストと観客との交流をとおして芸術文化を育む場を提供する。

都営地下鉄大江戸線で催された演奏会風景
パンフレット：「ヘブンアーティスト」
（東京都ヘブンアーティスト事務局）より転載

4B 駅にまつわるキーワード80

アパートメント+SSC

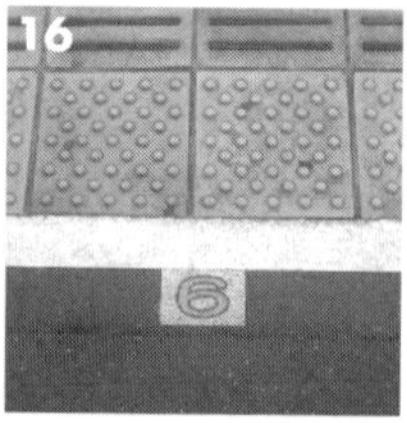

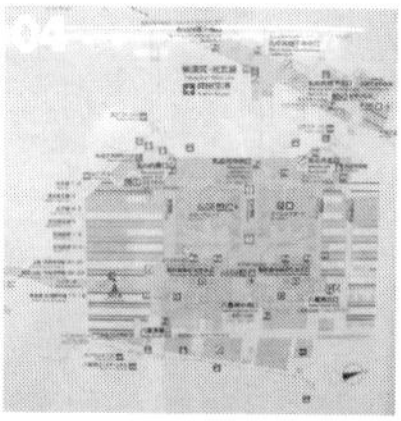

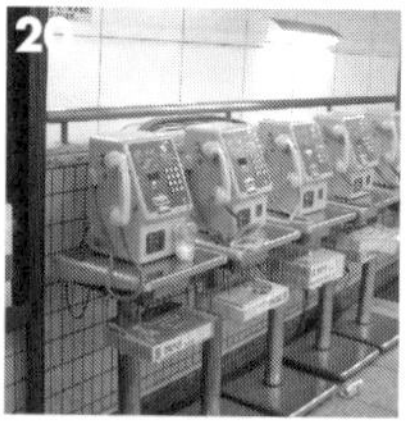

01 カード
02 広告看板
03 動く歩道
04 駅構内マップ
05 駆け込み乗車
06 誘導・警告ブロック
07 売店
08 喫煙スペース
09 券売所
10 ATM
11 派出所
12 トイレ
13 コインロッカー
14 切符
15 チラシ
16 乗車位置印
17 特急券売場
18 ラッピング広告
19 新聞・雑誌
20 公衆電話

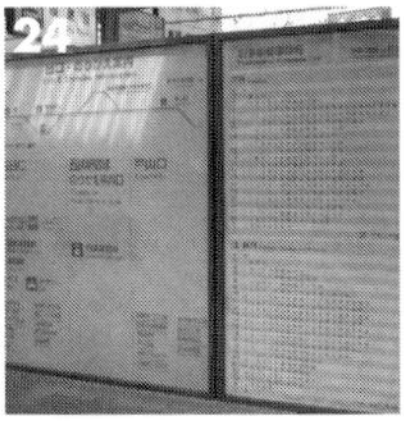

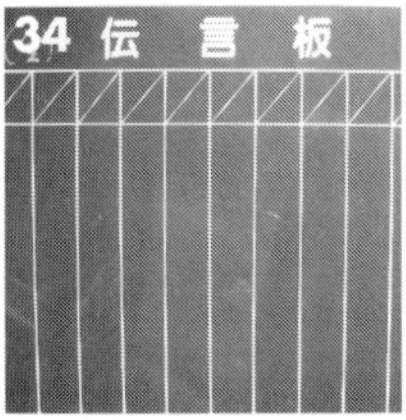

21　バリアフリー
22　ごみ箱
23　コンビニ
24　時刻表
25　自動販売機

26　証明写真機
27　非常停止ボタン
28　シンボル
29　タクシーのりば
30　ホーム下退避スペース

31　地域マップ
32　乗務員休憩室
33　通路
34　伝言板
35　電子掲示板

36　駐輪所
37　時計
38　自動改札機
39　のりこし精算機
40　バスターミナル

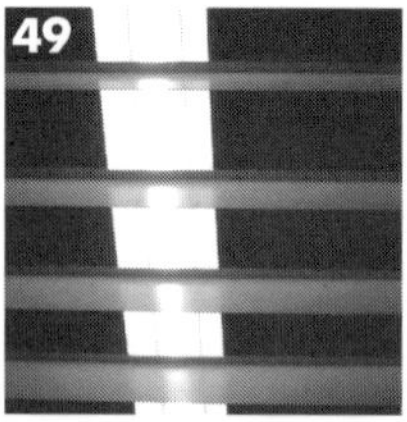

41　ベンチ	46　案内所	51　地下街	56　路線図
42　放置自転車	47　駅名看板	52　ポスト	57　サイン板
43　ホームドア	48　お土産店	53　駅前広場	58　靴磨き
44　駅長事務室	49　蛍光灯	54　ふりかえ輸送	59　水飲み場
45　マジックハンド	50　車内吊り広告	55　のりば案内板	60　車両広告

61 出店
62 店舗
63 待合室
64 混雑
65 線路工事
66 地域特産展ブース
67 植栽
68 駅前ネオンサイン
69 ミュージシャン
70 屋台
71 ショーウインドウ
72 シャッター
73 駅員
74 ハト
75 駅ビル
76 駅弁
77 構内放送
78 電車待ち
79 通勤・通学
80 モニター

写真・図版提供
（本文中に表記なきものについて記載：50音順）

有限会社アパートメント
pp.182〜211

京王電鉄株式会社
p.69（fig.4、5）、p.105、p.107

株式会社交建設計
pp.22〜45、p.47、p.49、p.67（fig.1）、p.69、p.71、p.73（fig.11、12、15）、p.75、p.133、p.135、pp.137〜165、p.167（fig.1）、p.171（fig.7、8）、p.173（fig.12）

後藤寿之
p.57、p.59（fig.4：出典＝『JRTR』2001年9月号、EAST JAPAN RAILWAY CULTURE FOUNDATION）

相模鉄道株式会社
p.85（fig.1、2）、p.87（fig.6）

庄野泰子
pp.176〜179

武山良三
pp.128〜129

企画・編集
松口龍（鹿島出版会）

編集・制作
川尻大介（鹿島出版会）

監修
SSC

企画協力
有限会社アパートメント
　滝口聡司・佐久間徹

協力
株式会社交建設計

フィールドワーク
有限会社アパートメント

フィールドワーク・制作協力
秦将之（有限会社アパートメント）
植木明日子（東京藝術大学大学院）
小林正幸（早稲田大学大学院）
山田大樹（早稲田大学大学院）
後藤克史（明治大学）
岡戸大和（明治大学）
酒井夕佳（明治大学）

(財)鉄道総合技術研究所
p.111(fig.1、2)、p.113(fig.4、6、7)、p.115、pp.117〜123、p.125

東京都交通局
p.77(fig.2、3)、p.81(fig.9)

内藤廣
pp.8〜9、pp.12〜13

日本鉄道建設公団
p.65、p.168、p.173(fig.13)

松口龍
見返し、PP.6〜7、pp.20〜21、pp.54〜55、p.73(fig.13、14)、p.79、p.81(fig.10)、p.83、p.85(fig.3、4)、p.87(fig.7)、pp.88〜90、p.95、p.99、p.109、pp.130〜131、pp.180〜181、pp.214〜215

面出薫
p.51、p.53

渡辺誠
pp.14〜15、pp.18〜19

Photo：新 良太©

駅再生
スペースデザインの可能性

発 行――2002年11月30日第1刷発行©、2005年5月20日第4刷発行

編――鹿島出版会

デザイン――三枝未央＋e-CYBER

発行者――鹿島光一

発行所――鹿島出版会

〒100-6006

東京都千代田区霞が関3-2-5 霞が関ビルディング6階

電話03-5510-5400 振替00160-2-180883

印刷――壮光舎印刷

製本――アトラス製本

ISBN4-306-04429-7 C3052

本書の内容に関するご意見・ご感想は下記までお寄せ下さい。
URL：http//:www.kajima-publishing.co.jp
E-mail:info@ kajima-publishing.co.jp